风力机现代测试与计算方法

马剑龙　汪建文　编著

U0381830

西北工业大学出版社

西　安

【内容简介】 风能作为重要的可再生能源之一,将是未来社会能源供给的重要形式和发展趋势。在过去的 30 多年中,我国风能事业取得了辉煌的成就,未来必将在此基础上实现可持续发展,并将为我国经济社会发展做出重要贡献。然而,现今风能利用仍面临着一些重要的技术瓶颈问题。针对这些问题,本书首先概述风电产业发展的现状、制约瓶颈和相关基础理论,之后从数值仿真新方法、实验测试新方法、数据识别与提取新方法、发现的新理论、流固耦合分析新方法和叶片模态参数/结构动力学参数修改新方法等方面进行详尽的介绍。同时,在附录中附有风力机相关的常用专业术语。

本书可供风能企业研究和设计制造部门的科技人员、政府部门的管理人员、高等院校教师、研究生、本科生及广大读者阅读参考。

图书在版编目(CIP)数据

风力机现代测试与计算方法/马剑龙,汪建文编著
. —西安:西北工业大学出版社,2019.8(2020.11 重印)
ISBN 978 - 7 - 5612 - 6548 - 2

Ⅰ.①风… Ⅱ.①马… ②汪… Ⅲ.①风力发电机-测试方法 ②风力发电机-计算方法 Ⅳ.①TM315

中国版本图书馆 CIP 数据核字(2019)第 170815 号

FENGLIJI XIANDAI CESHI YU JISUAN FANGFA
风 力 机 现 代 测 试 与 计 算 方 法

责任编辑:孙 倩		策划编辑:张 晖	
责任校对:张 友		装帧设计:李 飞	

出版发行:西北工业大学出版社
通信地址:西安市友谊西路 127 号　　　邮编:710072
电　　话:(029)88491757,88493844
网　　址:www.nwpup.com
印 刷 者:兴平市博闻印务有限公司
开　　本:710 mm×1 000 mm　　　1/16
印　　张:11
字　　数:215 千字
版　　次:2019 年 8 月第 1 版　　　2020 年 11 月第 2 次印刷
定　　价:52.00 元

前　言

经过 30 多年的建设,我国风电产业取得了辉煌的成就,成为我国电能供给中的第三大电源。然而,随着风力机大型化和小型多用途化发展趋势的加剧,亦出现了诸多制约性瓶颈问题,如高精度数值仿真算法的建立、流固耦合有效解耦方法的开发和流固协同测试与分析方法的确立等。

本书以笔者多年来从事相关系列研究工作为背景,系统性地介绍笔者开展相关研究时涉及的风力机现代测试和计算方法的实现过程。相关成果对于风力机研发、制造和运行中的一些瓶颈问题的解决有一定的帮助作用,特别是对于风力机机理问题的深入探究具有一定的辅助作用。

全书分为 15 章。第 1 章介绍风电产业发展现状和制约瓶颈;第 2 章介绍风力机研究的基础理论;第 3 章介绍叶片模态参数精确计算方法;第 4 章介绍风力机结构动力学参数精确计算方法;第 5 章介绍叶片典型振型动频值的间接测试和识别方法;第 6 章介绍测试中发现的叶片低频振动;第 7 章介绍测试中发现的叶片最恶劣侧风角;第 8 章介绍偏航状态下叶尖涡涡量值的拾取和分析方法;第 9 章介绍偏航时叶片尾迹流场和叶面压力的分析方法;第 10 章介绍叶片形变与尾迹流场间的关联性分析方法;第 11 章介绍叶片振动与尾迹流场脉动间的关联性分析方法;第 12 章介绍外界激励对叶片振动影响敏感性的分析方法;第 13 章介绍风轮模态参数的修改方法;第 14 章介绍叶片结构动力学参数的修改方法;第 15 章介绍叶片气动性能设计方法。附录介绍风力机相关专业术语。

本书 1～15 章由马剑龙撰写,附录由汪建文撰写。

由于涉及的测试和计算方法较新,水平有限,书中难免有疏漏和不足之处,敬请各位读者批评指正。

马剑龙　汪建文

2019 年 4 月

目　　录

第1章 风电产业发展现状和制约瓶颈

1.1 导 读

全球风能资源量约为 130 000 GW,超过全球可利用水能资源总量的 10 倍以上。我国是最早开发利用风能的国家之一,但早期风能利用仅局限于风车提水、灌溉等代替人力进行生产作业,并未开展规模化的开发与利用。现在一些经济技术落后的国家或偏远地区,仍保留着大量原始的风能利用方式。

化石能源危机爆发之前,风能开发利用并未得到世界各国的足够重视。风能利用技术,特别是规模化风电生产技术发展缓慢。随着化石能源危机的加剧,将可再生能源转换为电能的技术受到重视,在许多国家或地区呈现井喷式的发展,能源利用向新能源利用模式的转型已成为趋势。例如,丹麦大力发展风电,打造新能源城市,2017 年风电供给已占其全国电力消费总量的 43.4%。我国在风电项目建设方面成效显著,风电已成为国家第三大电源。

全球风电最新的发展态势如何? 我国风电的建设现状和生产能力如何? 我国风电产业发展中主要的制约瓶颈是什么? 这些问题是我国风电产业必须关注的问题。只有很好地了解上述问题,才能更好地适应国际风电市场的发展形势,更好地推动风电产业的长足发展。本章将通过大量的最新风电数据和信息调研,对上述问题进行较详细和全面的阐述与分析。

1.2 全球风电发展现状

据《全球风电市场年度统计报告》显示,2017 年全球风电市场新增装机超过 52 GW,累计装机达 539 GW,其中欧洲、印度实现创纪录性的突破。

2017 年全球新增陆上风电装机 47GW,比 2016 年下降了 12%。陆上风电机组正向着大型化发展,随着单机容量为 1MW,1.5MW,2MW,2.5MW 风电机问世,整机制造商着眼于更为大型化的机组。

2017 年,全球海上风电迎来了高速增长,据世界海上风能论坛(WFO)发布的数据显示,全球海上风能市场在 2018 年的装机容量达到 4 988MW,创造了新增装机容量的纪录。截至 2018 年底,海上风电累计装机容量增至 22GW。International Renewable Energy Agency 预计,到 2050 年,海上风能有可能达到 520GW。现在主流海上风力机的单机容量已达 6MW,风轮直径达 150m。预计到 21 世纪 30 年代,单机容量为 15MW 的风电机组将面市。

1.3 我国风电发展现状

如图 1-1 所示,2018 年,我国除港、澳、台地区外,新增风电装机容量为 $2\,114.3\times10^4$ kW,同比增长 7.5%;累计装机容量约 2.1×10^9 kW,同比增长 11.2%,保持稳定增长态势。

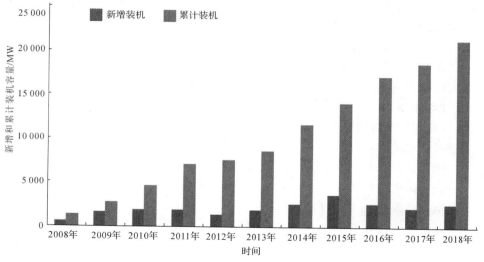

图 1-1 2008—2018 年中国新增和累计风电装机容量

2018 年,中国六大区域的风电新增装机容量所占比例分别为中南 (28.3%)、华北 (25.8%)、华东 (23%)、西北 (14.2%)、西南 (5.5%)、东北 (3.2%)。"三北"地区新增装机容量占比为 43.2%,中东南部地区新增装机容量占比达到 56.8%。

与 2017 年相比,2018 年我国中南部地区增长较快。同比增长 33.2%。中南地区主要增长的省份有河南、广西和广东。同时,东北、华北和华东地区装机容量均有增幅,分别同比增长为 29.9%,8.2% 和 9.3%;而西北和西南地区装机容量出现下降,西南地区同比下降 33.8%,西北地区同比下降 11.5%。

当前,国内风电装机仍以 1.5MW 机型为主体,新增装机仍以 2MW 机型为主流。国家风电发展规划显示,"十三五"期间,陆上风电着力向我国东南部用电负荷大的地区拓展。因此,就市场而言,陆上风电迫切需要更大型化的机组。中国风电机组生产企业也为此做出了积极的努力。2017 年 9 月,由中国海装风电股份有限公司自主研发的 H140—3MW 型风电机组获得成功,该机型风轮直径为 140m,是国内外目前风轮直径最大的 3MW 陆上风电机组,中国陆上风电机组单机容量开始向 3MW 迈进。

与此同时,我国已建成海上风电累计装机容量 162×10^4 kW。2009 年,东海大桥海上示范风电场率先建成投产,在此之后 3 年,江苏如东 30MW 和 150 MW 潮间带试验示范风电场及其扩建工程将陆续开工建成。2012 年底,我国海上风电场累计装机接近 400MW;受海域使用推进缓慢等因素影响,2013 年海上风电发展明显放缓;2014 年,我国海上风电新增并网约 200MW,全部位于江苏省;2015 年,我国海上风电新增装机 360MW,主要分布在福建省和江苏省。2016 年,我国海上风电机组新增装机数为 154 台,容量达 590MW,同比增长约 64%。海上风电占全国风电总装机容量的比例由 2011 年的 0.42% 升至 2016 年的 0.96%。2011—2016 年我国海上风电累计装机容量及占比如图 1-2 所示。

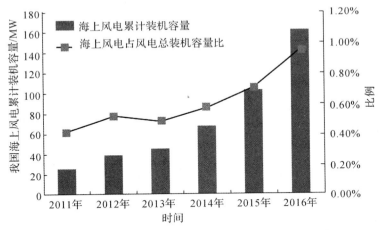

图 1-2　2011—2016 年我国海上风电累计装机容量及占比

2016—2017 年,我国建成 3 个海上风电项目,共计 602MW。2017 年国内海上风电项目招标 3.4GW,较 2016 年同期增长了 81%,占全国招标量的12.5%。2017—2018 年,我国核准海上风电项目 18 个,总计 5 367MW;开工项目 14 个,总计 3 985MW。其中,2017 年开工项目达到 2 385MW,超过我国现有海上风电装机规模,标志着我国海上风电投资进入加速阶段。2017 年,中国海上风电发展取得新突破,新增装机数量共 319 台,新增装机达 1.16GW,同比增长达 97%,累计装机量达 2.79GW。

随着海上风电的发展和国家政策的明确,各地也积极布局海上风电。例如,2018 年 4 月 23 日,广东省发改委发布《广东省海上风电发展规划(2017—2030年)(修编)》,明确了广东省海上风电建设装机目标:到 2020 年底,开工建设海上风电装机容量 $1\,200\times10^4$ kW 以上,其中建成投产 200×10^4 kW 以上,到 2030年底,建成投产海上风电装机容量约 $3\,000\times10^4$ kW。其余省市,例如浙江、福建、山东、上海和河北也对海上风电做出了布局规划。

1.4 我国风电机组制造商装机现状

受益于三北地区弃风改善及海上风电提速,2018 年中国风电市场总体回暖。2018 年我国风电市场新增吊装总容量达 21GW,较 2017 年回升 17%。其中,陆上及海上风电新增吊装容量分别为 19.3GW 以及 1.7GW。

我国风电行业市场集中度进一步提升,产业链趋于成熟。2018 年 22 家整机制造商实现新增装机,包括三家国外整机制造商。其中,前五大整机制造商总吊装容量达 15GW,囊括 73% 的新增市场份额,相较于 2017 年上升 9 个百分点。其中:金风科技进一步扩大领先优势,新增吊装容量高达 6.7GW(含 400MW 海上风机),市场占比为 32%;远景能源稳居第二,其 2018 年新增吊装容量为 3.7GW(含 402MW 海上风机),相较于 2017 年实现 33% 的增长;明阳智慧能源以 2.5GW 的全年新增吊装容量位列第三,实现快速增长;国电联合动力位列第四,吊装容量为 1.3GW,与 2017 年基本持平;上海电气 2018 年风机吊装容量位列第五,其海上风电吊装容量高达 720MW,继续领跑中国海上风电市场;运达风电及中国海装分列第六及第七;湘电风能及东方电气 2018 年国内装机容量差别小于 50MW,并列第八。国外整机制造商(包含 Vestas,Siemens Gamesa 和 GE)在我国市场份额总占比为 5%,其中 Vestas 在我国市场新增吊装容量达 584MW,重新跻身我国前十大整机制造商行列。

在所有吊装的海上风电机组中,单机容量为 4MW 的机组最多,5MW 风电机组正在逐渐兴起,6MW 风电机组吊装的仍是样机,尚未批量吊装。

1.5 我国风电产业发展的主要瓶颈

随着风电产业规模的不断扩大,风电开发中面临的许多问题和发展障碍也突显出来,这些问题逐渐成为制约我国风电产业发展的主要瓶颈。

1.5.1　限电问题

"三北"地区是我国风电开发最早的地区,也是火电和光伏发电等建设最为集中的地区。该地区已建成各类发电模式的总装机容量远远超过了该地区电网输出能力的上限,因此限电问题极为突出。国家为此已规划建设特高压输电网络,但在短期内限电问题仍然会是限制风电产业发展的主要瓶颈。

1.5.2　高成本

我国风电产业总体生产成本偏高,市场对风电上网电价的接受能力差,风电产业的发展严重依赖于国家政策优惠,风电自适应生存能力差。因此,有效降低风电生产成本是现今我国亟待解决的重要问题。

1.5.3　自主创新能力差

我国风电产业起步相对较晚,风电产业的快速扩展主要依靠进口国外先进技术的方式完成。虽然经过 20 多年的研发与经验积累,我国风电产业自主创新能力有了长足的进步,但仍与国外先进风电制造技术存在较大的差距。这一现状导致我国风电企业在向国外市场扩展中缺乏核心技术竞争力,发展进程严重受阻,若仍继续保持价格战的发展模式,我国风电产业向海外拓展的前途堪忧。

1.5.4　制造和配套能力有待提升

在国家政策的引导和支持下,我国风电产业经历了 10 余年的井喷式发展,风电整机生产、装配及部件配套生产企业曾一度累计超过 200 家。然而,如此规模化的生产布局,各生产企业间却普遍存在各自为战、技术共享平台建设落后的现象。因此,相比于国际先进生产水平,我国风电装置生产行业整体制造能力差,严重缺乏技术竞争力,风电生产中诸多的关键技术和核心工艺依赖进口,制造和配套能力有待提升。

1.5.5　标准体系建设滞后

长久以来,我国风电行业管理部门较多,职能相对分散,国土资源、能源、科技和水利等各部门管理职能交叉,扶持资金分散,很难形成合力,较大程度上削弱了对行业发展的帮助。至今,我国风电产业仍未形成完善的国家标准、行业标准和不同国家、地区间标准互认机制,严重制约着风电产业的规模化发展和向海外市场的拓展。

1.5.6 政策出台滞后

国家和地区政策的出台远跟不上风电产业发展的速度和形势变化要求。例如,我国《可再生能源中长期发展规划》的起草时间几乎与《中华人民共和国可再生能源法》相同,但前者的正式出台却滞后于后者两年。我国风电产业相关政策出台滞后的主要表现为:缺乏完善的市场监督和管理机制,对于小微企业和已具规模化生产能力企业的生产、效益数据获取不及时,不同发展规模企业的权、责、利差异性规定不明确,对于部分企业的行业垄断行为监控和制约不足。

1.5.7 资源与市场地域不匹配

我国风能资源最为丰富的地区是"三北"地区,风电产业最具规模的地区也是"三北"地区,而我国电力消纳能力最强的地区为中部、东部和南部。风资源与电力主力消纳市场在地域上存在严重的不匹配,造成电力输送成本高,需求配套电网广等诸多问题,严重制约着风电产业的进一步发展。

1.5.8 风电的应用尚未达成社会的普遍共识

现今,整个社会对国家风电应用的战略性长久能源布局认知度不足。部分地区政府出于对管辖区域内已建成火电生产企业的保护,对新型风电产业发展的重视度和扶持力度不够,甚至出台限制措施。例如,2009 年,内蒙古东部电网对风电并网实施限制,当时并非因电网的接纳能力不足,而是出于对当地火电企业生产的保护,因为接入风电便会减小对火电的接入量。

1.5.9 行业竞争激烈

1.核电增长较快

核电自主研发技术发展快速,特别是"华龙 1 号"的试运行成功,标志着我国完全掌握了核电技术的自主研发能力,我国核电将进入高速建设期。2017 年,我国核能发电量为 $2\,481\times10^9$ kW·h,比 2016 年增长了 16.3%,对风电的发展空间造成挤压。

2.光伏发电增长较快

近年来,在国家扶持性政策的引导下,光伏发电产业发展迅速。截至 2018 年底,我国光伏发电新增装机 $4\,426\times10^4$ kW,仅次于 2017 年新增装机量,居历史新增第二位,呈爆棚式发展模式。光伏发电是风力发电最具竞争力的对手,其迅猛发展,势必会削弱风电产业的发展势头。

1.6　小　　结

　　本章以国内外最新一次的风电大数据统计为基础,解析了全球风电产业发展的现状,重点阐述了我国风电新增装机区域占比和我国风电机组制造商装机量行业占比。综合我国风电现状,从 9 个方面概括了我国现今风电产业发展中面临的主要瓶颈问题。从长远来看,海上风电和陆上风电日益下降的成本价格给风电的发展提供了强劲动力,风电生产电价的大幅下降,正在给上下游产业链带来巨大的压力,挤压其利润空间,但风电产业正在逐步向着可提供大量和低价的可再生能源电力的承诺迈进。

第 2 章　风力机研究的基础理论

2.1　空气动力学基础理论

2.1.1　贝兹理论

贝兹理论也称功率极限理论,它由德国物理学家 Albert Betz 于 1919 年提出,是第一个关于风轮的完整理论。由于流经风轮后的风速不可能为零,因此风拥有的能量不可能被完全利用,即风只有一部分能量可能被吸收,成为桨叶的机械能。那么风轮究竟能够吸收多少风能呢? 为讨论这个问题,贝兹假设了一种理想的风轮,即假定风轮是一个平面桨盘(致动盘),通过风轮的气流没有阻力,且整个风轮扫掠面上的气流是均匀的,气流速度的方向在通过风轮前后都是沿着风轮轴线。

由于风轮从风中汲取能量,所以流体单元通过风轮时损失部分动能。流体通过风力机逐渐减速,从上游的 u_∞ 减小到远场下游的平均值 u_ω。静压从上游的 p_∞ 增加到风轮前方的 p_d^+,在风轮后方突然降到 p_d^-,产生施加于风轮的轴向力,然后又在尾迹中逐渐恢复到自由流压力 p_∞,如图 2 - 1 所示。

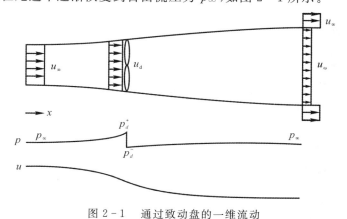

图 2 - 1　通过致动盘的一维流动

致动盘汲取能量的这一过程,用质量、动量和能量守恒方程(对于不可压缩流体)可以推导出许多解析关系。

连续性方程:

$$\dot{m} = \rho A_\infty u_\infty = \rho A_d u_d = \rho A_w u_w \qquad (2-1)$$

表面的作用力:

$$T = \dot{m}(u_\infty - u_w) = (p_d^+ - p_d^-) A_d \qquad (2-2)$$

动能的变化量:

$$E = \frac{1}{2} \dot{m}(u_\infty^2 u_w^2) \qquad (2-3)$$

式中,∞ 表示上游无穷远处;d 表示致动盘处;w 表示远尾迹处。

单位时间汲取的能量叫作功率 $P = 0.5\dot{m}(u_\infty^2 - u_w^2)$,它等于力 T 作用在盘上的功率 $P = Tu_d = \dot{m}(u_\infty - u_w)u_d$,使这两式相等,可得

$$u_d = \frac{1}{2}(u_\infty - u_w) \qquad (2-4)$$

为比较不同风力机的功率,引入功率系数 C_P,定义为

$$C_P = \frac{P}{P_0} = \frac{P}{\dfrac{1}{2}\rho u_\infty^3 A_d} \qquad (2-5)$$

即功率是被风速和风轮扫掠面积规格化的无因次量,功率系数可写为

$$C_P = \frac{1}{2}(u_\infty + u_w)(u_\infty^2 - u_w^2)/u_\infty^3 = \frac{1}{2}(1+b)(1-b^2) = 4a(1-a)^2 \qquad (2-6)$$

式中,$a = 1 - u_d/u_\infty$ 表示轴向诱导因子;$b = u_w/u_\infty$ 表示切向诱导因子。

当 $a = b = 1/3$ 时,功率系数取得最大值,即 $C_P = 16/27 \approx 0.593$,称为贝兹极限。

2.1.2　叶素-动量理论

将风力机叶片沿展向分成若干个微元段,每个微元段称为一个叶素,叶素理论是从叶素附近流动来分析整个叶片上的受力和功能交换的一种理论,该理论是由 Richard Froude 在 1889 年提出的,理论须做如下三点假设:

(1) 假设每个叶片微段之间没有干扰;

(2) 作用在每个叶素上的力仅由叶素的翼形升阻特性来决定;

(3) 将叶素本身看成一个二元翼形。

在以上假设的基础上,将作用在每个叶素上的微元力和微元力矩沿展向积分,可以求得作用在整个风轮上的力和力矩,如图 2-2 所示。

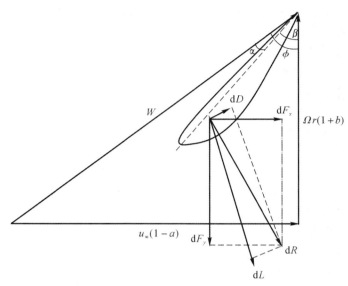

图 2－2　叶素面和气流角、受力的关系

风轮叶片上的相对合速度为

$$W = \sqrt{u_\infty^2 \ (1-a)^2 + \Omega^2 r^2 \ (1+b)^2} \tag{2-7}$$

相对合速度与旋转平面之间的夹角入流角 ϕ 为

$$\cos\phi = \frac{\Omega r (1+b)}{W} \tag{2-8}$$

$$\sin\phi = \frac{u_\infty (1-a)}{W} \tag{2-9}$$

风轮旋转平面与零升力线之间的夹角为桨矩角 β，攻角 α 可按下式计算：

$$\alpha = \phi - \beta \tag{2-10}$$

因此

$$dL = \frac{1}{2}\rho W^2 C C_L dr（微元升力） \tag{2-11}$$

$$dD = \frac{1}{2}\rho W^2 C C_D dr \tag{2-12}$$

$$dF_x = dD\sin\phi + dL\cos\phi = \frac{1}{2}W^2 C\rho dr C_x \tag{2-13}$$

$$dF_y = dL\sin\phi - dD\cos\phi = \frac{1}{2}W^2 C\rho dr C_y \tag{2-14}$$

$$\left.\begin{array}{l} C_x = C_L\cos\phi + C_D\sin\phi \\ C_y = C_L\sin\phi - C_D\cos\phi \end{array}\right\} \tag{2-15}$$

某半径 r 处叶素上的轴向微元推力为

$$dT = BdF_x = \frac{1}{2}BW^2 C\rho dr C_x \qquad (2-16)$$

转矩：

$$dM = BdF_y r = \frac{1}{2}BW^2 CC_y \rho r\, dr \qquad (2-17)$$

从图 2-2 可以看出，两个干扰因子使得轴向和周向气流的速度均打了折扣，通过风轮的轴向速度变为 $u_\infty(1-a)$，而不是来流风速 u_∞。同理，气流相对于风轮的切向速度也打了折扣。在进行气动分析时，干扰因子的影响是决不可忽略的，确定 a,b 是气动分析和叶片设计的基础。

推力系数为

$$C_T = \frac{T}{\frac{1}{2}\rho u_\infty^2 A_d} = 1 - b^2 = 4a(1-a) \qquad (2-18)$$

当 C_P 最佳时，C_T 等于 8/9。由于风轮后速度降低 $u_w < u_d$，所以 $A_w < A_d$，尾迹扩张。C_T 越大，尾迹扩张越大。

2.1.3　涡理论

采用涡量的概念可以方便地加深对风力机后方流动的理解，因为已知涡量分布的速度场，可以将升力理解为由 Kutta-Joukowski 定律 $L = \rho \Delta V \cdot \Delta \Gamma$ 得到的分布附着涡的结果（总强度 $\Delta \Gamma$），附着涡造成跨越叶片切向速度的跃变，以及由此产生的压力差和升力。

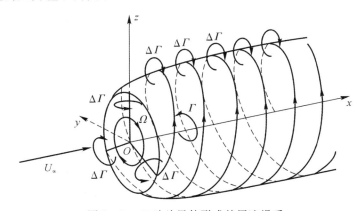

图 2-3　三叶片风轮形成的尾迹涡系

图 2-3 显示了附着涡、叶尖和中心涡的方向。通常，该模型也叫作葛劳渥原

理,但由于过于简化,虽然其指示了实际中涡量从整个叶片上脱落,但它忽略了附着涡的展向变化和流体的黏性。

2.2 振动力学基础理论

2.2.1 动力学方程

设系统具有 n 个自由度,以 n 个广义坐标 $q_i(i=1,2,\cdots,n)$ 表示系统的位形。系统的势能 $V(q_1,q_2,\cdots,q_n)$ 为广义坐标的函数,在平衡位置处满足:

$$\left(\frac{\partial V}{\partial q_i}\right)_0 = 0 \quad (i=1,2,\cdots,n) \tag{2-19}$$

将广义坐标的零值取在系统的平衡位置,则广义坐标也表示系统相对平衡位置的偏移。当系统在平衡位置附近作微振动时,广义坐标及其导数均为小量。设平衡位置处的势能 V 取零值,将平衡位置附近的势能 V 展成泰勒级数,仅保留广义坐标的二阶微量,考虑条件式(2-19),可得

$$V = \frac{1}{2}\sum_{i=a}^{n}\sum_{s=1}^{n}k_{is}q_iq_s \tag{2-20}$$

系数 $k_{is}(i,s=1,2,\cdots,n)$ 均为常值,定义为

$$k_{is} = \left(\frac{\partial^2 V}{\partial q_i \partial q_s}\right)_0 \quad (i,s=1,2,\cdots,n) \tag{2-21}$$

显然有 $k_{is}=k_{si}$。式(2-19)和式(2-21)的下标 0 表示在平衡位置处取值。由于系统的振动只能在稳定平衡位置附近发生,势能在平衡位置处取孤立极小值,式(2-20)为广义坐标的正定二次型。

设系统受定常约束,其动能 T 为广义速度的二次齐次函数:

$$T = \frac{1}{2}\sum_{i=1}^{n}\sum_{s=1}^{n}m_{is}\dot{q}_i\dot{q}_s \tag{2-22}$$

系数 $m_{is}(i,s=1,2,\cdots,n)$ 为广义坐标函数:

$$m_{is} = \left(\frac{\partial^2 T}{\partial \dot{q}_i \partial \dot{q}_s}\right) \quad (i,s=1,2,\cdots,n) \tag{2-23}$$

且有 $m_{is}=m_{si}$。系统在平衡位置附近作微幅振动时,仅保留广义坐标和广义速度的二阶小量,m_{is} 可用平衡位置处的值代替而成为常系数。除非广义速度全部为零,动能均应为正常数,式(2-22)为广义速度的正定二次型。

引入广义坐标列阵 $\boldsymbol{q}=(q_s)$、质量矩阵 $\boldsymbol{M}=(m_{is})$ 和刚度矩阵 $\boldsymbol{K}=(k_{is})$,则式(2-20)、式(2-22)可用矩阵表示为

$$V = \frac{1}{2} \boldsymbol{q}^{\mathrm{T}} \boldsymbol{K} \boldsymbol{q} \quad , \quad T = \frac{1}{2} \dot{\boldsymbol{q}}^{\mathrm{T}} \boldsymbol{M} \dot{\boldsymbol{q}} \tag{2-24}$$

质量矩阵 $\boldsymbol{K}$ 和刚度矩阵 $\boldsymbol{M}$ 均为 n 阶对称正定方阵。

设 Q_i 是与广义坐标 $q_i(i = 1, 2, \cdots, n)$ 对应的非保守广义力，$L = T - V$ 为拉格朗日函数，拉格朗日第二类方程的一般形式为

$$\frac{\mathrm{d}}{\mathrm{d}t} \left(\frac{\partial L}{\partial \dot{q}_i} \right) - \frac{\partial L}{\partial q_i} = Q_i \quad (i = 1, 2, \cdots, n) \tag{2-25}$$

将式(2-20)、式(2-22)代入拉氏方程，导出多自由度系统的动力学方程组：

$$\sum_{s=1}^{n} (m_{is} \ddot{q}_s + k_{is} q_s) = Q_i \quad (i = 1, 2, \cdots, n) \tag{2-26}$$

动力学方程组(2-26)可写作矩阵形式：

$$\boldsymbol{M} \ddot{\boldsymbol{q}} + \boldsymbol{K} \boldsymbol{q} = \boldsymbol{Q} \tag{2-27}$$

式中，$\boldsymbol{Q} = (Q_i)$ 为非保守力构成的列阵。讨论保守系统的自由振动时，令 $\boldsymbol{Q} = \boldsymbol{0}$，方程简化为

$$\boldsymbol{M} \ddot{\boldsymbol{q}} + \boldsymbol{K} \boldsymbol{q} = \boldsymbol{0} \tag{2-28}$$

2.2.2　固有频率

将线性动力学方程(2-28)中的广义列阵 $\boldsymbol{q}$ 改用 $\boldsymbol{x} = (x_s)$ 表示，写作：

$$\boldsymbol{M} \ddot{\boldsymbol{x}} + \boldsymbol{K} \boldsymbol{x} = \boldsymbol{0} \tag{2-29}$$

此方程有以下特解：

$$x_s = A_s \sin(\omega t + \theta) \quad (i = 1, 2, \cdots, n) \tag{2-30}$$

此特解表示系统内各个坐标偏离平衡值时均以同一个频率 ω 和同一初相角 θ 作不同振幅的简谐运动。将式(2-30)写作矩阵形式：

$$\boldsymbol{x} = \boldsymbol{A} \sin(\omega t + \theta) \tag{2-31}$$

其中，$\boldsymbol{A} = (A_s)$ 为各坐标振幅组成的 n 阶列阵。将式(2-31)代入方程(2-29)，化作矩阵 $\boldsymbol{K}$ 和 $\boldsymbol{M}$ 的广义本征问题，有

$$(\boldsymbol{K} - \omega^2 \boldsymbol{M}) \boldsymbol{A} = \boldsymbol{0} \tag{2-32}$$

$\boldsymbol{A}$ 有非零的充分与必要条件为系数行列式等于零，即

$$|\boldsymbol{K} - \omega^2 \boldsymbol{M}| = 0 \tag{2-33}$$

即

$$\begin{vmatrix} k_{11} - \omega^2 m_{11} & k_{12} - \omega^2 m_{12} & \cdots & k_{1n} - \omega^2 m_{1n} \\ k_{21} - \omega^2 m_{21} & k_{22} - \omega^2 m_{22} & \cdots & k_{2n} - \omega^2 m_{2n} \\ \vdots & \vdots & & \vdots \\ k_{n1} - \omega^2 m_{n1} & k_{n2} - \omega^2 m_{n2} & \cdots & k_{nn} - \omega^2 m_{nn} \end{vmatrix} = 0 \tag{2-34}$$

展开后得到 ω^2 的 n 次代数方程,即系统的本征方程:

$$\omega^{2n} + a_1\omega^{2(n-1)} + \cdots + a_{n-1}\omega^2 + a_n = 0 \qquad (2-35)$$

对于平衡状态稳定的正定系统,各坐标只能在平衡位置附近作微幅简谐振动。式(2-35)存在 ω^2 的 n 个固有角频率,将其由小到大按序排列为

$$\omega_1 < \omega_2 < \cdots < \omega_{n-1} < \omega_n \qquad (2-36)$$

2.2.3 模态

满足式(2-32)的非零 n 阶列阵 $\boldsymbol{A}$ 也可视为 n 维向量,称为系统的本征向量。每个本征值 ω_i^2 对应于各自的本征向量 $\boldsymbol{A}^{(i)}$,n 个本征向量均满足:

$$(\boldsymbol{K} - \omega_i^2\boldsymbol{M})\boldsymbol{A}^{(i)} = \boldsymbol{0} \quad (i=1,2,\cdots,n) \qquad (2-37)$$

由于式(2-33)的存在,式(2-37)的各式线性相关。ω_i^2 不是本征方程的重根时,式(2-37)中只有一个不独立方程。不失一般性,将最后一个方程除去,且将 $\boldsymbol{A}^{(i)}$ 的最后一个元素 $A_n^{(i)}$ 的有关项移至等号右端,化作

$$(k_{1,1} - \omega_i^2 m_{1,1})A_1^{(i)} + \cdots + (k_{1,n-1} - \omega_i^2 m_{1,n-1})A_{n-1}^{(i)} = -(k_{1n} - \omega_i^2 m_{1n})A_n^{(i)} \left.\right\}$$

$$\cdots\cdots$$

$$(k_{n-1,1} - \omega_i^2 m_{n-1,1})A_1^{(i)} + \cdots + (k_{n-1,n-1} - \omega_i^2 m_{n-1,n-1})A_{n-1}^{(i)} = -(k_{n-1,n} - \omega_i^2 m_{n-1,n})A_n^{(i)}$$

$$(2-38)$$

设此方程组左端的系数行列式不等于零,将方程组右端的 $A_n^{(i)}$ 的值取作1,解出的 $n-1$ 个解 $A_s^{(i)}(s=1,2,\cdots,n-1)$ 记作 $\phi_s^{(i)}(s=1,2,\cdots,n-1)$,则第 i 固有频率 ω_i 对应的自由振动振幅 $A_1^{(i)}$ 为

$$\boldsymbol{A}^{(i)} = \boldsymbol{\phi}^{(i)} = [\phi_1^{(i)} \quad \phi_2^{(i)} \quad \cdots \quad \phi_n^{(i)}]^{\mathrm{T}} \quad (i=1,2,\cdots,n) \qquad (2-39)$$

其中,$\phi_n^{(i)}=1(i=1,2,\cdots,n)$。系统按第 i 固有频率 ω_i 所作的振动称为系统的第 i 阶主振动,写作

$$x^{(i)} = \alpha_i\boldsymbol{\phi}^{(i)}\sin(\omega_i t + \theta_i) \quad (i=1,2,\cdots,n) \qquad (2-40)$$

式中,α_i,θ_i 表示任意常数,取决于初始运动状态;$\boldsymbol{\phi}^{(i)}$ 表示系统作第 i 阶主振动时,各坐标振幅的相对比值。此相对比值完全由系统的物理性质确定,与初始运动状态无关,称为系统的第 i 阶模态,或第 i 阶主振型。系统的固有频率和对应的模态完全由系统的物理参数确定,为系统的固有特性。

2.2.4 模态叠加法

n 个模态 $\boldsymbol{\phi}^{(i)}(i=1,2,\cdots,n)$ 的正交性表明它们是线性独立的,可用于构成 n 维空间的基。系统的任意 n 维自由振动可唯一地表示为各阶模态的线性组合:

$$x = \sum_{i=1}^{n}\boldsymbol{\phi}^{(i)}x_{pi} \qquad (2-41)$$

将式(2-41)与式(2-40)对照,也可认为是将系统的振动表示为n阶主振动的叠加。这种分析方法称为模态叠加法。式中,$x_{di}(i=1,2,\cdots,n)$是描述系统运动的另一类广义坐标,称为主坐标,各阶主坐标组成的列阵$\boldsymbol{x}_d$为主坐标列阵:

$$\boldsymbol{x}_d = \begin{bmatrix} x_{d1} & x_{d2} & \cdots & x_{dn} \end{bmatrix}^{\mathrm{T}} \qquad (2-42)$$

2.2.5　模态截断法

在实际问题中,对于自由度n很大的系统,有时只要求计算较低的前$r(r<n)$阶固有频率和模态,以近似地分析系统的自由振动和受迫振动。这种近似方法称为模态截断法。为此,将前r阶模态$\boldsymbol{\phi}^{(i)}(i=1,2,\cdots,r)$组成$n\times r$阶的截断模态矩阵:

$$\boldsymbol{\phi}^* = \begin{bmatrix} \boldsymbol{\phi}^{(1)} & \boldsymbol{\phi}^{(2)} & \cdots & \boldsymbol{\phi}^{(r)} \end{bmatrix} \qquad (2-43)$$

建立截断的主质量矩阵$\boldsymbol{M}_d^*$和主刚度矩阵$\boldsymbol{K}_d^*$,则有

$$\boldsymbol{M}_d^* = \boldsymbol{\phi}^{*\mathrm{T}} \boldsymbol{M} \boldsymbol{\phi}, \quad \boldsymbol{K}_d^* = \boldsymbol{\phi}^{*\mathrm{T}} \boldsymbol{K} \boldsymbol{\phi} \qquad (2-44)$$

式中,$\boldsymbol{M}_d^*$表示前r个主质量排成的r阶对角阵;$\boldsymbol{K}_d^*$表示前r个主刚度排成的r阶对角阵。

将系统的任意n阶振动近似地表示为截断后的r阶模态的线性组合:

$$x = \sum_{i=1}^{r} \boldsymbol{\phi}^{(i)} x_{di} = \boldsymbol{\phi}^* \boldsymbol{x}_d^* \qquad (2-45)$$

式中,$\boldsymbol{x}_d^*$表示截断后的坐标列阵,即

$$\boldsymbol{x}_d^* = \begin{bmatrix} x_{d1} & x_{d2} & \cdots & x_{dr} \end{bmatrix}^{\mathrm{T}} \qquad (2-46)$$

因此,利用模态截断法可将n个坐标变换成较少的前r个主坐标$\boldsymbol{x}_d^*$。将式(2-45)代入方程(2-29),令各项左乘$\boldsymbol{\phi}^{*\mathrm{T}}$,并利用式(2-44)导出完全解耦的前$r$个主坐标的动力学方程

$$M_{di}\ddot{x}_{di} + K_{di}x_{di} = 0 \quad (i=1,2,\cdots,r) \qquad (2-47)$$

与此类似,也可建立简正化的截断模态矩阵和对应的用简正坐标表示的动力学方程。

2.2.6　邓克利法

在各种近似计算方法中,邓克利法是一种最简单的方法,用邓克利法计算的基频近似值为实际基频的下限。

利用柔度影响系统表示的多自由度系统自由振动的动力学方程,广义坐标列阵$\boldsymbol{q}$改用$\boldsymbol{x}=(x_s)$表示,写作

$$\boldsymbol{D}\ddot{\boldsymbol{x}} + \boldsymbol{x} = \boldsymbol{0} \qquad (2-48)$$

式中,$\boldsymbol{D}$表示系统的动力矩阵。

将自由振动规律方程(2-30)代入方程(2-48),转化为动力矩阵的本征值问题:

$$(\boldsymbol{D} - \nu\boldsymbol{E})\boldsymbol{A} = 0 \tag{2-49}$$

式中,ν 表示频率二次方的倒数,即

$$\nu = \frac{1}{\omega^2} \tag{2-50}$$

2.2.7 瑞利法

瑞利法是基于能量原理的一种近似方法,对于多自由度系统,瑞利法可用于计算系统的基频,算出的近似值为实际基频的上限。配合邓克利法算出的基频下限,可以估计实际基频的大致范围。

设系统作某阶主振动,系统的动能和势能为

$$T = \frac{1}{2}\dot{\boldsymbol{x}}^{\mathrm{T}}\boldsymbol{M}\dot{\boldsymbol{x}} , \quad V = \frac{1}{2}\boldsymbol{x}^{\mathrm{T}}\boldsymbol{K}\boldsymbol{x} \tag{2-51}$$

将式(2-31)代入式(2-51),导出动能和势能的最大值:

$$T_{\max} = \frac{1}{2}\omega^2\boldsymbol{A}^{\mathrm{T}}\boldsymbol{M}\boldsymbol{A} , \quad V = \frac{1}{2}\boldsymbol{A}^{\mathrm{T}}\boldsymbol{K}\boldsymbol{A} \tag{2-52}$$

式中,$\boldsymbol{A}$ 表示由 n 个振幅组成的列阵。

根据保守系统机械能守恒原理,系统的动能与势能的最大值应互等,即 $T_{\max} = V_{\max}$,导出固有频率的计算公式 $\omega^2 = R(A)$,$R(A)$ 称为瑞利商,定义为

$$R(A) = \frac{\boldsymbol{A}^{\mathrm{T}}\boldsymbol{K}\boldsymbol{A}}{\boldsymbol{M}^{\mathrm{T}}\boldsymbol{K}\boldsymbol{A}} \tag{2-53}$$

2.2.8 里茨法

里茨法是瑞利法的改进,不仅可以计算系统的基频,还可算出系统的前几阶频率和模态。里茨法基于与瑞利法相同的原理,但将瑞利法使用的单个假设模态改进为若干个独立的假设模态 $\psi^{(s)}(s=1,\cdots,r)$ 的线性组合。令

$$\boldsymbol{A} = \sum_{s=1}^{r} a_s\boldsymbol{\psi}^{(s)} = \boldsymbol{\psi}\boldsymbol{a} \tag{2-54}$$

式中,ψ 表示 r 个假设模态构成的 $n\times r$ 矩阵;a 表示 r 个待定系数 $a_s(s=1,2,\cdots,r)$ 构成的列阵,即

$$\boldsymbol{\psi} = \begin{bmatrix} \psi^{(1)} & \psi^{(2)} & \cdots & \psi^{(r)} \end{bmatrix}, \quad \boldsymbol{a} = \begin{bmatrix} a_1 & a_2 & \cdots & a_n \end{bmatrix}^{\mathrm{T}} \tag{2-55}$$

假设模态矩阵 ψ 的各列也称为里茨基矢量。将式(2-53)代入瑞利商(2-52),得到的固有频率记作 ω_s,导出

$$R(\psi a) = \frac{\boldsymbol{a}^{\mathrm{T}}\boldsymbol{K}_s\boldsymbol{a}}{\boldsymbol{a}^{\mathrm{T}}\boldsymbol{M}_s\boldsymbol{a}} = \boldsymbol{\omega}_s^2 \tag{2-56}$$

式中，r 阶方阵 $\boldsymbol{K}_s$ 和 $\boldsymbol{M}_s$ 分别定义为

$$\boldsymbol{K}_s = \boldsymbol{\psi}^{\mathrm{T}} \boldsymbol{K} \boldsymbol{\psi}, \quad \boldsymbol{M}_s = \boldsymbol{\psi}^{\mathrm{T}} \boldsymbol{M} \boldsymbol{\psi} \tag{2-57}$$

2.2.9　矩阵迭代法

矩阵迭代法也是从动力矩阵表示的本征值问题出发的近似计算方法。它适合于计算系统的最低几阶模态和固有频率。根据系统的任意阶固有频率 ω_i 及相应的模态 $\boldsymbol{\phi}^{(i)}$ 都必须满足方程(2-49)，即

$$\boldsymbol{D} \boldsymbol{\phi}^{(i)} = \nu_i \boldsymbol{\phi}^{(i)} \quad (i = 1, 2, \cdots, n) \tag{2-58}$$

式中，ν_i 表示 $\nu_i = 1/\omega_i$。

任意选定系统的一个假设模态 $\boldsymbol{\psi}$，一般不是真实模态，但总能表示为真实模态的线性组合式：

$$\boldsymbol{\psi} = \sum_{i=1}^{n} a_i \boldsymbol{\phi}^{(i)} \tag{2-59}$$

将式(2-59)左乘 $\boldsymbol{D}$ 矩阵，并利用式(2-58)和式(2-59)化作

$$\boldsymbol{D} \boldsymbol{\psi} = \sum_{i=1}^{n} a_i \boldsymbol{D} \boldsymbol{\phi}^{(i)} = \sum_{i=1}^{n} v_i a_i \boldsymbol{\phi}^{(i)} = v_1 \left[a_1 \boldsymbol{\phi}^{(1)} + \sum_{i=2}^{n} a_i \left(\frac{v_i}{v_1} \right) \boldsymbol{\phi}^{(i)} \right] \tag{2-60}$$

再左乘一次矩阵，得到

$$\boldsymbol{D}(\boldsymbol{D} \boldsymbol{\psi}) = \boldsymbol{D}^2 \boldsymbol{\psi} = v_1^2 \left[a_1 \boldsymbol{\phi}^{(1)} + \sum_{i=2}^{n} a_i \left(\frac{v_i}{v_1} \right) \boldsymbol{\phi}^{(i)} \right] \tag{2-61}$$

如此迭代 k 次后，得到

$$\boldsymbol{D}^k \boldsymbol{\psi} = v_1^k \left[a_1 \boldsymbol{\phi}^{(1)} + \sum_{i=2}^{n} a_i \left(\frac{v_i}{v_1} \right)^k \boldsymbol{\phi}^{(i)} \right] \tag{2-62}$$

由于 $v_i/v_1 < 1 (i = 2, 3, \cdots, n)$，每一次迭代，式(2-62)方括号内第一项的优势地位就加强一次。迭代的次数越多，式(2-62)方括号内第二项所包含的高于一阶的模态成分所占比例越小。将 $\boldsymbol{D}^k \boldsymbol{\psi}$ 作为一阶模态的 k 次近似，记作 $A_{(k)}$，则矩阵迭代法的计算公式为

$$\left. \begin{array}{l} A_{(0)} = \boldsymbol{\psi} \\ A_{(1)} = \boldsymbol{D} A_{(0)} \\ \cdots\cdots\cdots \\ A_{(k)} = \boldsymbol{D} A_{(k-1)} \end{array} \right\} \tag{2-63}$$

当迭代次数 k 足够大，除一阶模态 $\boldsymbol{\phi}^{(1)}$ 以外的其余高阶模态成分小于容许误差时，即可将其略去，得到

$$A_{(k)} = v_1^k a_1 \boldsymbol{\phi}^{(1)} \tag{2-64}$$

于是 k 次迭代后的模态即近似地等于第一阶真实模态。对 $A_{(k)}$ 再作一次迭代，并利用式(2-58)化作

$$A_{(k+1)} = \boldsymbol{D}A_{(k)} = v_1 A_{(k)} \tag{2-65}$$

在 $A_{(k)}$ 和 $A_{(k+1)}$ 中任选第 s 个元素 $A_{s(k)}$ 和 $A_{s(k+1)}$ 代入式(2-65),可算出系统的基频:

$$\omega_1 = \frac{1}{\sqrt{v_1}} = \sqrt{\frac{A_{s(k)}}{A_{s(k+1)}}} \tag{2-66}$$

在具体计算过程中,除计算基频的式(2-65)中的 $A_{(k+1)}$ 以外,每次迭代均应进行归一化。如使每个模态的最后元素成为 1,使得各次迭代的模态间具有可比性,也避免计算过程中模态迭代的数值过大或过小。

2.2.10　子空间迭代法

子空间迭代法是矩阵迭代法的发展。它将矩阵迭代法每次仅迭代一个假设模态,发展为同时迭代系统的前 r 阶假设模态,从而提高了计算效率。迭代过程中各阶假设模态的正交性由里茨法保证。因此,也可以认为子空间迭代法是矩阵迭代法与里茨法相结合的近似计算方法,既可以认为是里茨法的反复运用,也可以认为是矩阵迭代法向多个假设模态的推广。

设系统的前 r 阶模态 $\phi^{(s)}(s=1,\cdots,r)$ 构成全部 n 阶模态所张成线性空间的一个子空间。任选 r 个独立的模态 $\psi^{(s)}(s=1,\cdots,r)$ 作为子空间的假设模态,记作 $n \times r$ 阶矩阵:

$$\boldsymbol{\psi} = \begin{bmatrix} \psi^{(1)} & \psi^{(2)} & \cdots & \psi^{(r)} \end{bmatrix} \tag{2-67}$$

各个假设模态 $\psi^{(s)}(s=1,\cdots,r)$ 总能表示为真实模态的线性组合:

$$\psi^{(s)} = \sum_{i=1}^{n} a_i^{(s)} \phi^{(i)} \tag{2-68}$$

将式(2-68)左乘 $\boldsymbol{D}$ 矩阵,并利用式(2-40)化作

$$\boldsymbol{D}\psi^{(s)} = v_1 \left[\sum_{i=1}^{r} a_i^s \left(\frac{v_i}{v_1}\right) \phi^{(i)} + \sum_{i=r+1}^{n} a_i^s \left(\frac{v_i}{v_1}\right) \phi^{(i)} \right] \quad (s=1,\cdots,r) \tag{2-69}$$

式中,$v_i = 1/\omega_i^2$ 表示第 i 阶固有频率 ω_i 二次方的倒数。

如此迭代 k 次后,得到

$$\boldsymbol{D}^k \psi = v_1^k \left[\sum_{i=1}^{r} a_i^s \left(\frac{v_i}{v_1}\right)^k \phi^{(i)} + \sum_{i=r+1}^{n} a_i^s \left(\frac{v_i}{v_1}\right)^k \phi^{(i)} \right] \quad (s=1,\cdots,r) \tag{2-70}$$

由于固有频率 $\omega_i(i=2,\cdots,n)$ 随 i 增加,v_i 随 i 减小。经过多次迭代,式(2-70)方括号内第二个求和式包含的高于 r 阶模态的成分必较第一个求和式更快趋近于零。

2.2.11　集中质量法

在实际问题的计算中,集中质量只能是有限数目,而且多自由度系统当自由

度很高时存在计算方面的困难,因此,实际上只能取较少数目的集中质量,具体数目取决于所要求的计算精度。这种用有限自由度系统近似代替连续系统的方法称为集中质量法。集中质量法是连续系统最简单的离散化方法,尤其适合物理参数分布不均匀的实际工程结构。其中惯性和刚性较大的部件自然被视为质量集中的质点和刚度,而惯性小、弹性强的部件则抽象为无质量的弹簧,其实际存在的质量或予以忽略或折合到集中质量。对于物理参数分布比较均匀的系统,也可近似地分解为有限个集中质量。离散后的集中质量系统可直接利用前者所述关于多自由度系统的所有方法和结论。

2.2.12　假设模态法

作为连续系统的离散化方法,集中质量法是将连续系统的分布质量化为有限个集中质量。里茨法提供了另一种离散化方法,即利用有限个模态函数描述系统的振动。这种方法不仅能对固有频率和模态作近似计算,而且能计算受迫振动的响应等范围更广泛的问题。

对于非均匀或有复杂边界的连续系统,模态函数通常难以确定。因此,在假设模态法的实际计算中,常将满足几何边界条件,但未必满足动力学方程和其他边界条件的函数族作为假设的模态函数。借助模态展开式:

$$w(x,t) = \sum_{i=1}^{n} \phi_i(x) q_i(t) \qquad (2-71)$$

可将系统的动能和势能用广义坐标和广义速度表示。然后利用拉格朗日方程或变分原理建立由有限个广义坐标表示的动力学方程,这种方法称为假设模态法,它不仅是一种近似分析方法,也是一种动力学建模方法,不限于线性系统,假设模态法也能用于非线性系统。

瑞利法和里茨法实际上是基本能量原理的假设模态法,仅限于对保守系统的固有频率和模态函数作近似计算。更普遍意义的假设模态法可以分析阻尼系统和非保守系统的受迫振动问题。两种方法的实质都是将连续系统离散为 n 自由度系统,将原系统的惯性和弹性的分布特征转化到所选择的假设模态 $\bar{\phi}_s(x)$ 上去。就保守系统而言,若里茨法与假设模态法选择了相同的假设模态 $\bar{\phi}_s(x)$,所得到的固有频率和模态函数即完全相同。区别仅在于里茨法采用瑞利商求驻值的方法直接导出,而假设模态法是通过动力学方程的本征值问题导出。

2.2.13　模态综合法

假设模态法原则上也适用于由多个构件组成的复杂结构,困难在于很难找到整个系统的假设模态。为克服此困难,可将复杂结构分解成若干个较简单的子结构。对每个子结构选定假设模态,然后根据对接面上的位移和力的协调条件,将各子结构的假设模态综合成为总体结构的模态函数。由于在实际工程问题中,低阶模态的影响最为主要,因此,对每个子结构只需要计算少量低阶模态,然后加以综合。划分子结构时,应尽量使子结构只需要计算少量低阶模态,然后加以综合。同时,应尽量使子结构易于分析,且使对接面尽量减少,以减弱子结构之间的耦合。这种工程实用方法称为模态综合法。

2.2.14　加权残数法

加权残数法是另一种函数展开方法,它将方程的解设为满足边界要求的假设模态函数的线性组合,从而使模态函数的常微分方程转化为待定系统的代数方程,或者将描述振动的偏微分方程转化为广义坐标的常微分方程。所谓残数,是指方程解的误差,即将解代入方程后两端之差。方程精确解的残数为零,近似解的残数要求接近于零。加权残数法通过权函数的引入,要求残数在连续系统所在区域中的加权平均值为零。转化为广义坐标的常微分方程组和相应的本征值问题。加权残数法不局限于线性振动范围,也可用于使非线性偏微分方程离散为非线性常微分方程。

里茨法、假设模态法和加权残数法是基于函数展开的三种近似方法。其中求瑞利商驻值的里茨法基于系统的能量守恒,仅适用于保守系统。假设模态法基于与能量相关的力学原理(拉格朗日方程或哈密尔顿原理)建立离散化的动力学方程,而不受保守系统的限制。加权残数法基于模态函数的微分方程或动力学方程,也不限于保守系统。从计算结果看,里茨法只能近似计算固有频率和模态函数,假设模态法通过动力学方程的本征值问题导出固有频率和模态函数。加权残数法则直接求解固有频率和模态函数。假设模态法和加权残数法均能计算系统的响应。从适用范围看,里茨法仅适用于线性保守系统,而假设模态法和加权残数法原则上可以分析任何已具备动力学方程的系统。从对试函数的要求看,里茨法和假设模态法仅要求试函数满足几何边界条件,而加权残数法要求试函数满足所有边界条件。

2.2.15　传递矩阵法

传递矩阵法是一种专门用于计算链状结构系统的固有频率和模态的近似方法。如轴上带多个转盘的扭振系统,或带多个集中质量的梁,均为链状结构。传递矩阵法的基本思想是将具有分布的惯性和弹性的链状结构离散为一系列只具有惯性的"站"和只具有弹性的"场"。将"站"或"场"一端的广义位移和广义力组集为状态列阵。根据"站"的动力学性质和"场"的弹性性质分别构造传递矩阵。

将系统内各个"站"和"场"依次连接起来,各自的传递矩阵综合为系统的传递矩阵,以表达系统两端边界的状态列阵之间的关系。最后根据边界条件建立频率方程,求解得到固有频率后将各"站"的广义位移组建为模态。这种方法的特点是将对全系统的计算分解为阶数很低的各单元的计算,每个单元的传递矩阵的阶数与系统的自由度无关,然后加以综合,从而大大减少了计算工作量。传递矩阵法属于连续系统的物理离散方法,可视为集中质量思路的程式化。

2.2.16　有限元法

有限元法是工程中计算复杂结构广泛使用的方法,它汲取了物理离散与函数展开两类方法的优点。有限元法将复杂结构分割为有限个单元,单元的端点称为节点,将节点的位移作为广义坐标,并将单元的质量和刚度集中到节点上。每个单元作为弹性体,单元内各点的位移用节点位移的插值函数表示,这种插值函数实际上就是单元的假设模态。由于是仅对单元,而不是对整个结构取假设模态,因此,模态函数可取得十分简单,且可令单元的模态相同。有限元法通常与模态综合法结合,用于子结构的模态计算。

第3章 叶片模态参数精确计算方法

3.1 导 读

叶片是风力发电机组的关键动力部件,其模态参数决定着风电装置工作的结构安全性和工作寿命。模态参数的获得与修改,是风电叶片设计中的重要环节,其固有振动频率更是叶片结构安全性分析中被重点关注的参数。

获得叶片模态参数的方法有计算模态和实验模态两种。计算模态分析法一般通过有限元软件实现,属于数值计算的范畴,具有廉价、快捷和参数易修改等优点,适合于理论研究和产品设计,但是由于数学模型相对于实物模型的简化和模型参数设置往往无法与实际设备一致而造成很大的计算误差,所以失去了数值计算的意义。

例如,叶片的翼形属光滑流线,模型的建立一般采用离散数据点逐点连接成线,进而线生成面、面生成体的方式。该类建模的实质是以连续折线近似代替翼形流线,以连续曲线代替光滑叶面,因而往往导致模型拟合失真、翼形曲线非流线性和叶片曲面非光滑过渡,进而造成网格划分时在翼形曲率变化较大的翼形曲线前、后缘点处产生死点或网格畸变,严重制约着计算模态参数的准确获得。

实验模态分析法最大的优点是相对准确,缺点是对测试设备精度要求高、实验成本高和不易实现,特别是很多情况下,现有技术条件根本无法支撑实验的实现,因此高精度的模态计算方法便成了风电装置研发、设计中备受关注的问题。

国外关于叶片模态计算方法的研究起步较早,研究方向较多,归结起来分为先进计算原理的开发和高精度建模方法的研究两类。国内关于叶片模态计算方法的研究起步相对较晚且研究较少,很多研究仍是将叶片简化为悬臂梁并简化叶片翼形,或以一个简化后叶片的振动形式代替整个风轮的振动形式,事实上风轮由多叶片连接组成,叶根处叶片连接部件的存在改变了风轮系统的阻尼。因此,以单个叶片模态参数替代风轮整体模态参数必然会在一定程度上影响到叶片模态参数获取的准确性。近年来的研究也充分证明了多叶片风轮的模态参数与构成它的单个叶片的模态参数存在显著的差异性。

本章通过风轮模型的流线性建模和贴近实体的约束条件设置,有效实现叶片模态参数的精确计算。

3.2　计算的实现方法

3.2.1　建模

风轮模型的建立可以通过 SolidWorks 软件完成,具体如下:

翼形曲线:选择同一翼形面上所有组成翼形曲线的数据点,通过"样条曲线"功能同步拟合,实现各翼形面曲线的光滑建模。

叶片翼形部分:叶片翼形部分由 10 个翼形面曲线(见图 3-1 中数字指示)光滑过渡生成,选择 10 个翼形面曲线,通过"放样"功能同步拟合,实现叶片翼形部分的光滑建模。

叶根部分:轮毂和第 1 翼形面间部分也通过"放样"功能实现连续光滑过渡,其余规则部分则依实体尺寸建模。

建模结果如图 3-1 所示。

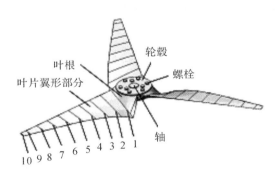

图 3-1　风轮模型

风轮模型部件材质参数见表 3-1。

表 3-1　风轮模型部件材质参数

名称	弹性模量 E/MPa	泊松比 μ	密度 $\rho/(\mathrm{kg \cdot m^{-3}})$
叶片	9.8×10^3	0.33	625
轮毂	202×10^3	0.3	7.8×10^3
轴	202×10^3	0.3	7.8×10^3
螺母	202×10^3	0.3	7.8×10^3
螺栓	202×10^3	0.3	7.8×10^3

3.2.2　网格划分及施加约束

利用"样条曲线"功能与否建模,网格划分的差异性如图 3-2 所示,图(b)中,虽然叶片后缘点网格尽量细化,但仍无法消除网格畸变。

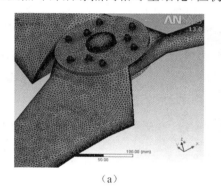 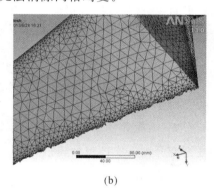

（a）　　　　　　　　　　　　　　　　（b）

图 3-2　利用样条曲线功能与否网格划分的差异性
(a)利用；　(b)不利用

依风轮实体模型部件间约束,ANSYS 中部件间约束条件设置见表 3-2。风轮整体约束依实体模型施加于轴下半部分,约束条件为 Cylindrical Support。

表 3-2　风轮部件间约束条件

部件体	约束条件
叶片＋轮毂	Fixed Support
螺钉＋螺母	Bolt Pretension
螺钉＋轮毂	Press
螺母＋轮毂	Press
轮毂＋轴	No Pretension

3.2.3　计算结果

风轮前三阶计算固有频率及振型如图 3-3 所示。

（a）
（b）
（c）
（d）
（e）
（f）

图 3-3　计算固有频率及相应模态振型

（a）一阶反对称；（b）一阶对称；（c）二阶反对称；（d）二阶对称；（e）三阶反对称；（f）三阶对称

3.3　计算结果的实验验证

3.3.1　测试对象、测试系统和方法、测点分布

依据数学模型加工制作叶片实体,叶片材质为木质,风轮直径为 1.4 m。测试设备采用丹麦 B&K 公司研发的 PULSE16.1 结构振动分析系统,信号采集、处理流程如图 3-4 所示。

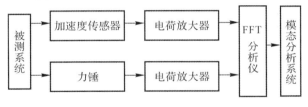

图 3-4　模态测试流程

实验设备及传感器布置如图3-5、图3-6所示。分析软件中模型的建立和测点的对应分布如图3-7所示。

（a）　　　　　　　　　　　　　　　（b）

图3-5　力锤、数据采集卡和数据处理电脑

图3-6　传感器分布

测试方法采用瞬态激振法,单点激励,多点响应。力锤采用橡胶头力锤,频率范围设置为0～400 Hz,激励点选为图3-7中43号点,激励方向为垂直于旋转面方向,加速度传感器用蜂蜡粘在叶片对应部位。每次激励的敲击次数设为10次。实验数据处理采用ME′scopeVESv5.1软件进行。

3.3.2　数据处理

将 PULSE 系统获得的测试数据导入 ME′scopeVESv5.1软件进行处理,数据的拟合收敛及对应模态参数(以模态振型和相应固有振动频率为例)的获得如图3-8所示。

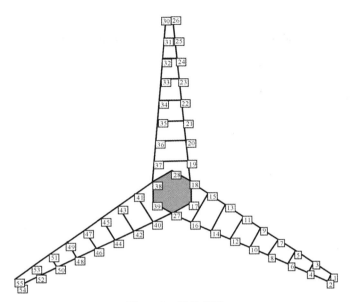

图 3 - 7　风轮模型

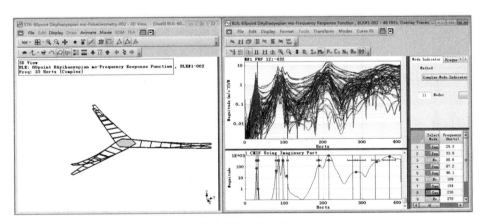

图 3 - 8　风轮振型和固有频率的提取

3.3.3　测试结果

叶片前三阶模态振型如图 3-9 所示,相应固有振动频率见表 3-3。

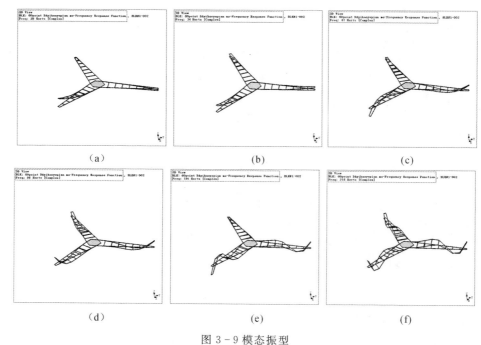

图 3-9 模态振型
(a)1 阶反对称；　(b)1 阶对称；　(c)2 阶反对称；
(d)2 阶对称；　(e)3 阶反对称；　(f)3 阶对称

表 3-3 固有振动频率

振 型	1 阶反对称	1 阶对称	2 阶反对称	2 阶对称	3 阶反对称	3 阶对称
频率/Hz	28.8	33.4	85.6	96.6	190.0	214.0

定义:误差值＝[(计算值－实验值)/实验值]×100％。数据分析见表 3-4。

表 3-4 数据分析

振 型	实验值/Hz	计算值/Hz	误差值
1 阶反对称	29.3	30.7	4.78％
1 阶对称	33.9	34.3	1.18％
2 阶反对称	87.2	89.2	2.29％
2 阶对称	96.1	100.4	4.47％
3 阶反对称	194.0	201.7	3.97％
3 阶对称	216.0	211.3	－2.18％

实验数据和计算数据十分接近,模拟计算实现了高精度。叶片前三阶计算振型图与实验振型图较高的相似性,也从另一方面证明了模拟计算结果的可靠性。计算误差的存在是不可避免的,因为实际上叶片材质并非各相同性,而在 ANSYS 分析中,其材料被认为是各相同性。

3.4　计算精度的影响因素分析

研究过程中发现,以下几个方面均会较大程度上影响到计算结果的准确性:

(1)研究中曾将数据点直接导入 ANSYS 中建模,再以逐个数据点连接生成翼形曲线、曲线生成面和面生成体的方式建模。由于 ANSYS 建模模块与网格划分模块自身良好的兼容性,虽可保障网格顺利划分,但要保障数学模型的计算精度却需要大量的数据点,造成建模工作量极其巨大,且计算结果无法实现高精度。

(2)利用翼形数据点在 SolidWorks 软件中建模,如不采用“样条曲线”功能,而直接连接数据点成线,则翼形面曲线不规则的流线性导致的复杂模型体,在 ANSYS 网格划分中将产生死点或在翼形前、后缘点处产生网格畸变,影响网格的顺利生成及后续计算的可行性。

(3)研究中曾按风轮模态计算的常规处理方法将风轮各部件结合成一个整体,即忽略部件间接触条件各异的情况,统一设置为全约束的方法简化模型,也导致了较大的计算误差。

(4)风轮整体约束条件应与实际情况一致,研究中曾尝试将风轮轴的约束条件施加在轴的底部,结果仍造成较大的计算误差。

3.5　小　　结

本章以叶片模态振型和相应固有振动频率的精确计算为例,利用 Solid-Works 软件中“样条曲线”对多数据点的同步拟合功能实现了叶片各翼形面曲线的光滑生成,同时利用 SolidWorks 软件中“放样”对多数据曲线的同步拟合功能实现了叶片整体光滑建模,从而有效解决了模态计算中网络划分时产生死点或网格畸变的常发性错误,实现了网格的理想划分。利用 ANSYS 模态分析计算模块,配合模型部件材质、部件间接触条件、风轮整体约束条件近实体化设置,使风轮前三阶固有频率计算值与实验值相对误差在 5% 以内,模拟计算实现了高精度。研究发现,风轮模型的流线性建立、风轮部件间约束条件和风轮整体约束条件的贴近实体设置,均对叶片模态参数计算的精度存在较大的影响。精度模态计算方法的实现,对叶片优化设计及模态理论方面的研究具有较重要的应用价值。

第4章 风力机结构动力学参数精确计算方法

4.1 导　读

结构动力学参数决定着叶片功率输出的稳定性和整机寿命,是风电装置研发中的关键性基础问题。风力机运行中承受气动力、离心力和重力等多种载荷的耦合作用,导致其运行工况下的结构动力学参数与模态参数间存在较大的差异性,结构动力学参数才是决定风力机运行寿命和运行稳定性的关键因素。随着风电机组大型化和小型多用途化趋势的发展,如何准确获取风力机的结构动力学参数已成为风力机发展中面临的热点问题。然而,风力机动态计算属于复杂的流固耦合问题,受限于流固耦合基础理论和有效解耦方法发展的滞后,该问题亦是相关研究中的难点问题。

当前,风力机结构动力学参数计算方法方面的研究仍处于起步阶段,有效解耦合方法的开发仍较少,而能通过试验佐证的可靠计算方法则更少,这一现状较大程度上制约着高品质风力机研发的进程。基于此,本章拟基于单向流固耦合分析原理,建立一套完善的风力机结构动力学参数数值计算方法,并结合试验佐证所建立计算方法的可靠性,相关研究的获得可在一定程度上缓解上述技术研究所处的困境。

4.2 计算方法的实现

4.2.1 建模

根据风力机部件实体进行建模并装配各部件体。本章研究对象为小型水平轴三叶片风力机,风轮模型如图 4-1 所示,其中编号 1~10 为翼形面曲线,部件组成及整机模型如图 4-2 所示。计算域依据内蒙古新能源实验示范基地 B1/K2 型风洞建立,如图 4-3 所示。

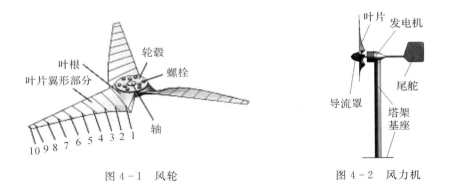

图 4-1 风轮

图 4-2 风力机

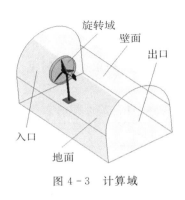

图 4-3 计算域

4.2.2 材质属性

根据风力机各部件材质分别设置密度、弹性模量和泊松比。本章中叶片为木质实心材料,轮毂为铸铁,塔架、尾舵、轴及基座材料均为结构钢。

4.2.3 网格划分

计算域划分为旋转域和静止域两部分,旋转域包裹风力机叶片,通过域的旋转实现叶片的转动。旋转域采用六面体网格,静止域采用四面体网格,两域间采用滑移网格,数据传递采用 INTERFACE 技术。为更好地捕获叶面流场信息,旋转域内叶面附近采用贴体网格技术,静止域采用网格膨胀技术实现网格的分层划分,多种网格划分技术的综合利用可实现计算资源的高效利用。网格划分示例如图 4-4 所示,为了表征所用网格划分技术的效果,该图对网格比例进行了加粗,实际流场区域网格要细化很多。

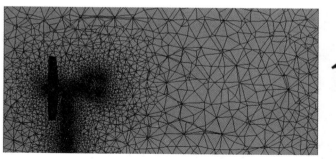

图 4-4　网格划分

4.2.4　部件间约束条件及传递函数的选择

部件间约束条件的正确施加决定着结构动力学参数获取的精度,计算中应以部件间实际接触情况选择适当的约束条件,避免部件间完全采用"bonded"形式的约束,相关设置见表 4-1。

表 4-1　部件间约束条件

部件体	约束条件	部件体	约束条件
叶片/轮毂	Fixed Support	导流罩/轮毂	Bonded
螺钉/螺母	Bolt Pretension	螺钉/轮毂	Press
轮毂/轴	No Pretension	螺母/轮毂	Press
电机/尾舵	Bonded	塔架/发电机	Bonded
塔架/基座	Bonded		

部件间传递函数有罚函数、MPC(Multi-Point Constraints)和拉格朗日三种算法。罚函数根据约束特点不同构造出合适的罚函数,将该函数添加到目标函数中,以获得最优解的方法;MPC 允许不同计算模型的自由度相互加强约束,即节点自由度之间的相互耦合;拉格朗日用于描述广义坐标下非自由质点系的运动方程,通常以系统的动能、势能、耗散函数和广义力的形式出现,为非自由质点系动力学问题求解提供一个普遍、简单和统一的算法。

根据传递函数的特征,轮毂与轴之间采用拉格朗日算法,其他部分采用罚函数。

4.2.5　计算流程和计算原理

风力机单向流固耦合计算分两步实现：第一步进行流场计算，获得作用于风力机表面的气动载荷；第二步将气动载荷、离心力和重力加载到风力机进行模态计算。计算原理如下：

（1）气动力方程及求解。气动力是气流流过叶片各叶素面的微元力总和，即

$$D = \int_A \delta D = \int_A \frac{1}{2} C_d \rho u^2 c r \, \mathrm{d}r \qquad (4-1)$$

$$L = \int_A \delta L = \int_A \frac{1}{2} C_l \rho u^2 c r \, \mathrm{d}r \qquad (4-2)$$

式中，D 为叶片表面阻力，N；L 为叶片表面升力，N；C_d 为阻力系数；C_l 为升力系数；ρ 为空气密度，kg/m^3；u 为来流风速，m/s；c 为叶片平均弦长，m；r 为叶素微元。

（2）结构动力学方程及求解。运用有限元方法构建离散化运动方程为

$$\boldsymbol{M}\ddot{\boldsymbol{a}} + \boldsymbol{C}\dot{\boldsymbol{a}} + \boldsymbol{K}\boldsymbol{a} = \boldsymbol{N} \qquad (4-3)$$

式中，$\boldsymbol{M}$ 为系统质量矩阵；$\boldsymbol{C}$ 为系统阻尼矩阵；$\boldsymbol{K}$ 为系统刚度矩阵；$\boldsymbol{N}$ 为变载荷作用下的外界激励，如离心力、气动力等；$\ddot{\boldsymbol{a}},\dot{\boldsymbol{a}},\boldsymbol{a}$ 分别为叶片有限元结点加速度、速度、位移矢量。

$\boldsymbol{N}=\boldsymbol{0}$ 时，由于外界激励为 0，方程有非零解，叶片处于自由振动状态，此时方程反映了风轮本身的固有特性，即固有振动参数。若不计阻尼作用，求解方程为

$$(\boldsymbol{K} - \omega^2 \boldsymbol{M})\boldsymbol{\Phi} = \boldsymbol{0} \qquad (4-4)$$

式中，$\boldsymbol{\Phi}$ 为结构振型矩阵；ω 为固有角频率。

由此得到结构振型矩阵 $\boldsymbol{\Phi} = \begin{bmatrix} \boldsymbol{\Phi}_1 & \boldsymbol{\Phi}_2 & \cdots & \boldsymbol{\Phi}_i \end{bmatrix}$，固有角频率 $\omega_i = \sqrt{K_i/M_i}$，$i = 1, 2, \cdots, n$。

$\boldsymbol{N}=\boldsymbol{F}$ 时，外界激励为气动力；$\boldsymbol{N}=\boldsymbol{Q}$ 时，外界激励为离心力，矩阵方程为

$$\boldsymbol{Q} = \boldsymbol{M}r\boldsymbol{\Omega}^2 \qquad (4-5)$$

式中，$\boldsymbol{Q}$ 为离心力矩阵；$\boldsymbol{M}$ 为质量矩阵；$\boldsymbol{\Omega}$ 为叶片旋转角速度。

4.2.6　边界条件设置

计算中采用稳态算法，考虑到湍流剪切应力的影响，应用 SST $k-\omega$ 算法求解，流场计算边界条件如下：

（1）计算域壁面不考虑地面影响，采用固体无滑移壁面；

（2）入口边界采用速度入口；

（3）出口边界选择自由出口。

    风力机运行中承受气动力、离心力和重力,基于单向流固耦合分析的动模态计算可看作首先进行流场计算获得风力机的气动载荷,进而将气动载荷、离心力和重力作为模态计算的边界条件而进行的复杂有预应力模态分析。三种作用力施加如下:

    (1)调取流场计算所得的气动压力加载于风力机表面,进行风力机结构受力分析,获取风力机相应变形量并作为边界条件施加于模态计算;

    (2)离心力通过设定叶片的转速实现;

    (3)通过施加重力加速度值实现重力加载。

4.2.7　计算结果分析

    以来流风速为 8 m/s、叶尖速比为 6 为例,风力机 2 阶以下计算模态振型如图 4-5 所示,所对应振动频率见表 4-2。表 4-2 中:f_{AM} 为轴向窜动振动频率;f_{DE} 为圆盘效应振动频率;$f_{1A}(f_{1S})$ 为 1 阶反对称(对称)振动频率;$f_{2A}(f_{2S})$ 为 2 阶反对称(对称)振动频率。

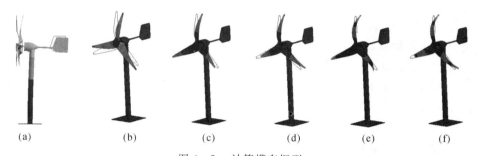

(a)　　　　(b)　　　　(c)　　　　(d)　　　　(e)　　　　(f)

图 4-5　计算模态振型

(a)轴向窜动;　(b)圆盘效应;　(c)1 阶反对称;　(d)1 阶对称;　(e)2 阶反对称;　(f)2 阶对称

表 4-2　计算模态振型振动频率

f_{AM}	f_{DE}	f_{1A}	f_{1S}	f_{2A}	f_{2S}
9.8 Hz	17.3 Hz	36.7 Hz	42.2 Hz	107.4 Hz	119.7 Hz

4.3　计算数据可靠性验证

    上述计算方法不仅可获得风力机的动态振型、动态振动频率(以下简称动频值),还可获取位移、应力/应变等多种结构动力学参数。考虑到现今风力机测试技术发展的现状,针对各种参数分别加以验证仍较难实现,且部分直接测试方法易引起风力机原有结构场或流场的改变(如在叶片表面布置应变片获取表面应变的测试方法),即测试方案本身对风力机结构动力学参数的准确获取存在影响,故以下采用叶片动频值间接测试的方法佐证上述计算方法的可靠性。

加工风力机部件,组建测试系统,通过在发电机前端靠近风轮处安装加速度传感器捕获振动频谱,结合风轮模态频谱借助谱分析法识别风轮特征振型和动频值(所用理论源于振动信号传递中的频率保持特性),用以佐证计算数据的可靠性,该方法可在不破坏叶片表面原有形态的前提下完整保留叶片原有动态振动特性的测试优势。测试现场如图 4-6 所示,加速度信号由 4 个加速度传感器感知,布置位置如图 4-6(c)所示,依编号为:1—发电机顶部前端;2—发电机侧部前端,离风轮轴向距离略靠后于 1 号传感器;3—发电机顶端中部;4—发电机侧端下部。传感器采用丹麦 B&K 公司研发的三向加速度传感器,可同时捕获测点处三个空间方向上的加速度值,传感器通过卡槽固定在垫片内,垫片通过 502胶固接在测点处。测试中提取 1 号加速度传感器所捕获的加速度时域信号,通过快速傅里叶变换(FFT)间接获取叶片动频值。测试值与计算值的比较见表 4-3。

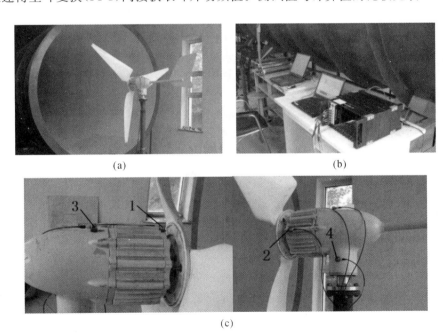

图 4-6　测试现场
(a)测试台架;　(b)数据采集设备;　(c)传感器布置

表 4 - 3　计算值与试验值比较

动频试验值/Hz	f_{AM}	f_{DE}	f_{1A}	f_{1S}	f_{2A}	f_{2S}
	10.0	17.5	38	40.5	109	115.5
计算值相对误差/(%)	−2	−1.1	−3.4	4.2	−1.5	3.6

　　试验结果表明,计算值与试验值的相对误差控制在 5% 以内,很好地验证了上述动模态计算方法的可靠性。

4.4　小　　　结

　　本章以叶片动频值的数值计算为例,介绍了叶片结构动力学参数的精确计算方法,其实现方法为:首先计算风力机流场,获得不同工况时风力机表面的压力分布,进而将气动载荷、离心力和重力作为边界条件开展有预应力的模态分析,该方法可很好地适用于叶片刚度较大的水平轴风力机结构动力学参数的获取,该算法可在一定程度上为风力机双向流固耦合计算方法的研究提供借鉴。

　　网格划分中贴体网格、网格膨胀、网格多区域分层划分、动静网格搭接和 INTERFACE 界面数据传输技术的综合应用,可较好地实现计算资源的科学配置,解决计算精度与网格数量有限间的矛盾。

　　各部件实体化建模与部件间约束条件实体化设置是风力机动模态参数准确获取的基础,为简化建模工作量而刻意地忽略部件体(特别是对振型及振动参数准确获取有重要影响的风轮结构特征),及由此导致部件间约束条件的偏离实体化设置(如忽略叶片与轮毂间螺栓的存在,并由此将叶片与轮毂间约束设置为 Bonded),均会严重地影响风力机动态振型的识别和相应结构动力学参数的准确获取。

第5章 叶片典型振型动频值的间接测试和识别方法

5.1 导 读

健康监测已成为风电产业发展中新型的热点问题,其中叶片运行工况下典型振型和相应动频值作为判别叶片结构损伤的关键参数,其有效获取技术备受业界关注。

相关数值仿真方面的研究工作主要集中于流固耦合算法在风力机运行工况下结构动力学参数获取方面适应性的探究,由于流固耦合分析理论发展的滞后,相关研究工作仍处于起步阶段。所见算法有单、双向流固耦合两种,且方法的可靠性往往基于与 ANSYS 等商业软件的计算结果对比判别,缺乏可靠实验数据的支撑。

国内测试方面的相关研究工作也仍处于起步阶段,只有个别机构开展了风轮静模态参数和动态应变方面的测试工作,有关风轮动频值测试新方法方面的研究则仍未见报道。

针对上述研究现状,本章提出一种操作简单、测试成本低廉,对叶片结构场和流场特征无影响,且对大、中和小型风力机叶片动频值获取适应性均较好的测试方法。

5.2 间接测试方法的提出和理论支撑

考虑到叶片旋转过程中所触发的振动加速度信号会经由发电机主轴传递给发电机箱体,发电机箱体是相对静止的部件,安装加速度传感器易于实现,然而于发电机箱体安装加速度传感器所捕获的振动信号由叶片和其他部件振动信号(如发电机励磁线圈及塔筒振动)混合而成,如果能很好地选择加速度传感器的安装位置进而突显叶片振动信号在混合振动信号中的峰值优势,并从多种混合振动信号中分解出风轮振动信号特征,再经 FFT 分析即可实现风轮典型振动频值的间接测试。由测试技术相关理论可知,多种类型振动信号相互混合传递过程中,不同信号将产生叠加,信号的叠加与传递虽可改变原有各分信号的幅值和相位,但各分信号的频率保持不变,故理论上分析上述思路可行。

5.3 测试方法的实现

构建叶片动频值测试系统如图 5-1 所示。加速度信号由丹麦 B&K 公司研发的 PULSE19 装置采集,发电机输出信号由美国 Fluke 公司研发的 Norma 5000 装置采集。试验于内蒙古自治区新能源实验示范基地的 B1/K2 型低速风洞开口实验段前,小型风力机专用测试台架上完成。同一风速时风轮转速的调控通过调节恒温负载箱的接入阻值实现,各工况下数据采集时长为 30 s。为使加速度传感器捕获的振动信号中源于风轮的信号强度最为显著,将加速度传感器安装于发电机顶部前端尽量靠近风轮处,并沿风轮轴向拾取信号。

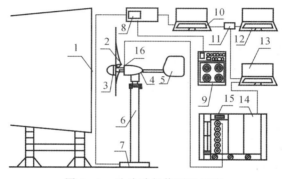

图 5-1 叶片动频值测试系统

1—风洞; 2—叶片; 3—导流罩; 4—发电机; 5—尾舵; 6—塔筒; 7—基座; 8—Norma5000; 9—恒温负载箱; 10—电脑1; 11—同步触发器; 12—主控电脑; 13—电脑2; 14—数据采集箱; 15—数据采集卡; 16—加速度传感器

叶片固有振动频率的测试采用 PULSE19 装置中的模态分析模块完成,测试方法采用瞬态激振法,单点激励、多点响应,测点布置如图 5-2 所示。

图 5-2 模态测试中测点的布置

5.4 叶片典型振型动频值识别方法

本章所提叶片动频值的识别需以其固有振动频率的获取为前提,相关分析借助 ME'Scope 模态分析软件实现,为此在 ME'Scope 中建立风轮模型,考虑到所研究对象实际运行中主要危害性振动为 2 阶以下弯振,故简化建模为平面模型,如图 5-3 所示,数据的拟合及模态振型的获取如图 5-4 所示。

激励点选如图 5-3 所示。激励次数设置为 10 次,激励方向垂直于激励点处叶面。

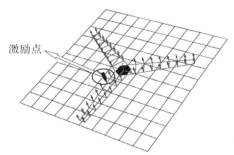

图 5-3 风轮模型

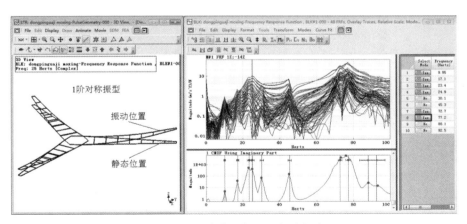

图 5-4 叶片典型振型及振动频率

图 5-4 中,左侧区域为选定频率所对应的振型图(示例为一阶对称振动);中间区域为测试数据的拟合和收敛,下侧曲线的峰点对应获得的各类振动(振型需根据左侧振型图予以判断),右侧区域为各曲线峰点所对应的振动频率值,示例中从上向下依次为轴向窜动、圆盘效应、1 阶反对称、1 阶对称、2 阶反对称和 2

阶对称,固有振动频率值见表 5-1,相应振型如图 5-5 所示。

表 5-1　叶片 2 阶以下固有频率值

振　型	f_{AM}	f_{DE}	f_{1A}	f_{1S}	f_{G1}	f_{G2}	f_{2A}	f_{2S}
静频/Hz	9.95	17.1	23.4	24.9	30.1	45.3	72.7	77.2

注:f_{AM},f_{DE},f_{1A},f_{1S},f_{G1},f_{G2},f_{2A},f_{2S}分别表示轴向窜动、圆盘效应、1 阶反对称振动、1 阶对称振动、过渡振型 1、过渡振型 2、2 阶反对称振动和 2 阶对称振动所对应的固有振动频率,下同。

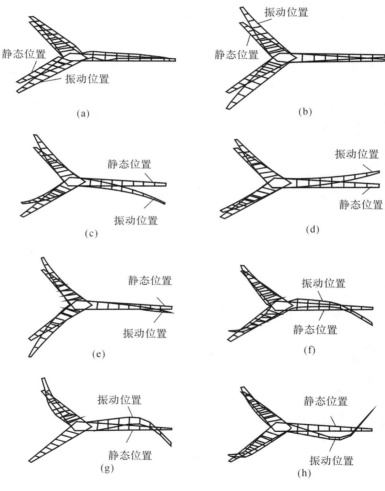

图 5-5　叶片 2 阶以下模态振型

(a)轴向窜动;　(b)圆盘效应;　(c)1 阶反对称;　(d)1 阶对称;
(e)过渡振型 1;　(f)过渡振型 2;　(g)2 阶反对称;　(h)2 阶对称

　　由结构动力学基础理论可知,风轮各类振型由其自身结构决定,气动力、离心力和重力等外界激励作用虽可改变各类振型的共振频率和幅值,却无法改变其振动形式及振型出现的次序;另一方面,外界激励作用导致叶片发生形变,促使叶片产生刚化效应,造成各类振型的动频值不同程度上超越其相应振型的静频值。基于此,可以风轮模态分析中所获各类典型振动出现的次序及静频特征于动态频谱中顺次识别叶片各类典型振型动频值。据此,以来流风速为 10 m/s,叶尖速比为 6 时为例,依据上述原则进行叶片 2 阶以下各类典型振型动频值的识别,如图 5-6 所示。

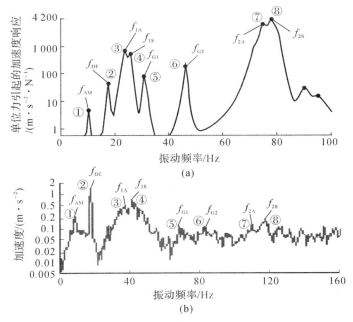

图 5-6　叶片典型振型动频值的识取

(a)模态测试频谱;　(b)动态测试频谱

注:图中①~⑧表示前 8 个共振带峰值点。

　　图 5-6(a)中,2 阶以下振动中规律性地出现了 8 个显著峰点,对应出现了 6 个明显的共振带,依次对应:轴向窜动共振带、圆盘效应共振带、1 阶振动共振带、过渡振型 1 共振带、过渡振型 2 共振带和 2 阶振动共振带。据此特征,可在图 5-6(b)中顺次寻找叶片 2 阶以下动频值。如图 5-6(b)所示,图中亦规律性

地顺次出现了 8 个明显峰值点及 6 个共振带,所获相应振型风轮动频值如表
5-2所示。

表 5-2 风轮 2 阶以下动频值

振　型	f_{AM}	f_{DE}	f_{1A}	f_{1S}	f_{G1}	f_{G2}	f_{2A}	f_{2S}
动频/Hz	10.0	17.5	38.0	40.5	68.0	81.5	109.0	115.5

同时,由图 5-6 分析可知,本章所建立测试和识别方法对风轮 1 阶及以下
振型动频值的获取效果较佳;随着振动阶数上升,叶片表现出越来越强的扭振形
式,利用风轮轴向加速度时域信号转换所得的动频曲线峰值优势变弱,识别效果
变差。

为进一步佐证上述方法的可靠性,分别将来流风速选取为 5~10 m/s、叶尖
速比选取为 5~7 进行风轮动频测试,均实现了良好的识别效果。

同时,考虑到本章所建立间接测试与识别方法是以图 5-7 中所示 3 号木质
叶片为例建立,该方法可能由于叶片材质或结构特性具有专属适用性,为此更换
1、2 号叶片(1 号叶片材质为工程塑料,且翼形结构与 3 号叶片存在较大差异;2
号叶片为木质,翼形为 NACA4415,亦与 3 号叶片结构存在较大差异)进行验
证。试验结果见表 5-3,叶片动频值识别效果良好,从而排除了上述质疑。

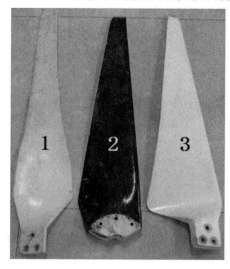

图 5-7 被测叶片

表 5 - 3 1、2 号风轮 2 阶以下静/动频值

1 号风轮							
振 型	f_{AM}	f_{DE}	f_{1A}	f_{1S}	f_{G1}	f_{G2}	f_{2A}	f_{2S}
静频/Hz	10.5	12.4	15.2	18.4	—	—	37.6	42.8
动频/Hz	10.5	14.5	31	35.5	—	—	76	88

2 号风轮							
振 型	f_{AM}	f_{DE}	f_{1A}	f_{1S}	f_{G1}	f_{G2}	f_{2A}	f_{2S}
静频/Hz	9.8	14.2	21.8	24.6	47.9	61.3	82.2	88.4
动频/Hz	10.0	14.5	32.5	38	62	76	97	104

5.5 小 结

本章建立了叶片典型振型动频值的有效间接测试和识别方法,该方法对风轮 1 阶及以下振型动频值的测试与识别具有显著优势,随振动阶数上升识别效果变差。相关成果可一定程度上解决现今风电叶片动频难以准确获取的技术困境,同时可为风力机运行工况下的健康监测提供参考。

第6章 测试中发现的叶片低频振动

6.1 导 读

　　叶片是风电装置能量转化的关键动力部件,占整机成本的 $20\%\sim30\%$,其结构动力学参数是风电装置重要的设计指标,决定着整机的安全性和运行寿命。如何完整、准确地获得叶片的结构动力学参数,是风能行业一直以来关注的热点问题。

　　获得叶片结构动力学参数的方法有计算模态和实验模态两类方法。计算模态法一般通过有限元软件实现,属数值模拟范畴,具有廉价、快捷和参数易修改等优点,但由于计算软件本身功能的限制及计算中模型的简化和模型边界参数设置往往无法真实与实际设备相同而造成较大的计算偏差。实验模态分析法最大的优点是获得信息全面、准确和精度高,缺点是对测试设备精度要求高、实验成本高和不易实现。

　　目前,我国叶片模态参数方面的相关研究工作仍以数值计算为主,但是由于风电叶片截面具有不规则特征,采用传统的 Bernoulli - Euler Beam 模型求解其低阶固有频率非常困难,各类新计算解法正处于开发阶段,且可靠性有待相关实验数据的验证。

　　笔者根据在风力机振动特性研究方面发现的一些问题,针对性、细致地通过实验分析了小型水平轴风力机叶片在低频时的振动参数。为保证实验结果的可靠性,测试设备采用内蒙古工业大学最新购置的代表机械振动测试领域国际先进水平的丹麦 B&K 公司最新的 PULSE16.1 结构振动分析系统,对 4 个类型的风轮进行了安装状态下的模态测试,发现风轮在安装条件下低频(低于一阶振动频率)时普遍存在轴向窜动和圆盘效应两种常规性振动方式,振动发生时分别诱发往复式和回转式剪切应力,二者振幅虽不及叶片1、2 阶振动,但由于是低频易被触发,长期被触发必然对风力机的安全稳定运行和寿命产生重要的影响。

6.2　模态实验方法

6.2.1　测试对象

研究对象为小型水平轴风力机三叶片风轮,风轮直径均为 1.4m,叶片叶根处分别采用法兰和双夹板连接,叶片为木质。各叶片如图 6-1 所示。

图 6-1　叶片实拍图

1 号叶片,为笔者所在课题组研发的某新翼形叶片。

2 号叶片,翼形在 1 号叶片的基础上沿翼厚方向适当加厚,目的是测试发现的叶片振动方式是否是由于叶片翼形较薄、刚度不够所造成。

3 号叶片,翼形与 2 号叶片相同,叶根处改变叶片连接方式为双夹板式连接,目的是测试所发现的风轮振动方式是否由于叶片安装方式的特殊性造成。

4 号叶片,为国内市场上某小型风力机叶片,叶片翼形结构与其他叶片不同,目的是验证发现的振动方式的普遍性,而并非一个相关翼形族叶片特有。

6.2.2　测试系统、测试原理、测试方法及测点分布

测试系统采用 B&K 公司最新研发的 PULSE16.1 结构振动分析系统。测试原理如图 6-2 所示。

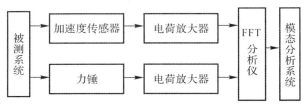

图 6-2　模态测试原理

实验设备及传感器布置如图 6-3、图 6-4 所示。

图 6-3　力锤、数据采集卡、数据处理电脑

(a)　　　　　　　　　　　　　　(b)

图 6-4　叶片安装方式、测试台架及传感器布置

(a)法兰连接；　(b)双夹板连接

测试实验在内蒙古工业大学新能源实验示范基地的低速风洞开口实验段前，小型风力机专用测试台架上完成。风轮依实际运行工况安装，风轮和发电机主轴间为螺栓直接连接，发电机安装于测试塔架之上。

测试方法采用瞬态激振法，单点激励，多点响应。振动频率采集范围设置为 0~400 Hz，激励点选为图 6-5 中的 43 号点，激励方向垂直于激励点处叶面，加速度传感器用蜂蜡黏在风轮对应部位。每次激励的敲击次数设为 10 次。每支叶片两端均匀布置 8 个加速度传感器。

激励信号由力锤人工施加，力锤所产生的激励信号由其手柄处的数据线传输给数据采集卡被采集；叶片产生振动后，由加速度传感器感知测点处的振动信息，并由数据线传输给数据采集卡；数据采集卡收集数据，并对数据进行相关处理后，通过网线传输给电脑中的 PULSE 系统控制程序；控制程序完成测试系统的整体设置、控制及测试数据的显示、保存等功能。

6.2.3　数据处理

实验数据采用 ME′scopeVESv5.1 软件进行处理。软件中模型的建立及测点的对应分布如图 6-5 所示。

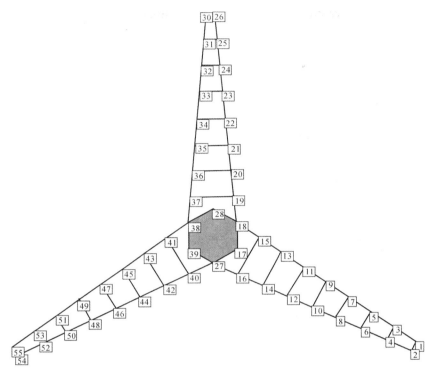

图 6-5　风轮模型

将 PULSE16.1 系统获得的测试数据导入 ME′scopeVESv5.1 软件进行处理，以 1 号风轮为例，数据的拟合及对应振动参数的获得如图 6-6 所示。

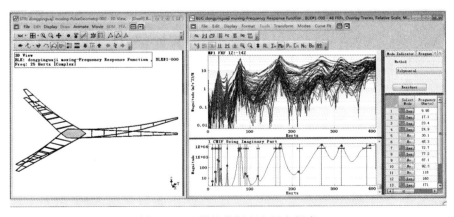

图 6-6　1 号风轮振型和固有频率

6.2.4 测试结果及分析

测试中,除被熟知的风轮各阶振动,每个风轮在低频时均规律性地出现了"轴向窜动"和"圆盘效应"两种振动特性。测试结果中,被排除的峰点所对应的振动形式,均只是单一地出现在某个风轮的测试结果中,在其他风轮的测试中并没有像轴向窜动、圆盘效应和各阶典型振动一样规律性的存在,故不作为风轮普遍固有的振动特性。

风轮三阶以下固有振动特性及所对应的频率见表 6-1,风轮序号与叶片序号对应。

表 6-1 各风轮固有振动特性及对应频率

风轮序号	轴向窜动	圆盘效应	1 阶反对称	1 阶对称	2 阶反对称	2 阶对称	3 阶反对称	3 阶对称
1	9.95	17.10	23.40	24.90	72.70	77.20	160.00	171.00
2	9.83	17.40	26.90	38.10	104.00	107.00	228.00	250.00
3	9.73	17.90	19.80	23.30	87.70	90.10	202.00	226.00
4	9.76	17.80	24.00	29.90	84.90	91.40	196.00	217.00

4 个风轮的测试中,均规律性地出现了轴向窜动和圆盘效应,证明了风轮实际安装状态下,这两种振动特性普遍存在的必然性,而并非由于某个风轮特性所导致的偶然事件。具体分析如下:

2 号叶片与 1 号叶片的结构相关性,排除了两种振动特性的出现是由于叶片自身刚度的独特性所导致的。

3 号叶片与 1 号叶片的结构相关性,排除了两种振动特性的出现是由于叶片自身连接安装方式的独特性所导致的。

4 号叶片与 1 号叶片的结构无关性,证明了两种振动特性的出现并非是由于某个翼形族叶片自身结构特性所导致的,而是风轮在实际运行状态下客观存在的两种振动特性,证实了两种振动特性存在的普遍性。

从测试数据发现,叶片翼形和连接安装方式的不同对轴向窜动效应和圆盘效应的发生频率存在一定的影响,而各风轮轴向窜动效应和圆盘效应的触发频率十分接近,刚好说明两种振动方式频率应主要与叶片和轮毂的外形尺寸、材质、质量等结构上最本质的因素相关,应为风轮系统普遍存在的振动特性。

1. 轴向窜动效应

仍以 1 号风轮为例,其振动形式如图 6-7 所示。

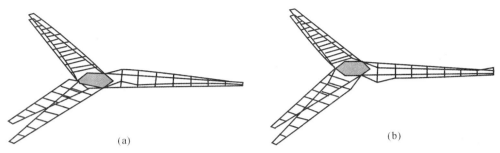

图 6 - 7　轴向窜动效应振动特性

(a)振动上止点；　(b)振动下止点

图 6 - 7 为轴向窜动效应动态振动时的两个截图,图中平直不动的线条面为风轮处于静态时的位置面(左图中处于下方的面和右图中处于上方的面);另一线条面为风轮发生轴向窜动时,振动达到位移极大值时所处的振动位置面。振动发生时,三支叶片整体沿轴向发生往复式振动,振动形式与一阶对称振动有相似之处:三支叶片振动形式相似,虽振动顺序先后和振动幅值稍有差异,但基本上保持步调一致,即同一时刻三支叶片绝大部分(只有右侧叶片叶尖处例外,该叶片为实验时被力锤敲击的叶片)均处于静态位置面的同一侧。但其与一阶对称振动却又有明显的不同:一阶对称振动发生时叶片沿翼展方向近似成线性发生位移,位移层次感很强;而轴向窜动效应中,同一支叶片沿翼展方向振动幅度并没有表现出像一阶对称振动时的线性感,而是沿翼展方向位移量的差异性并不大,且在叶根处很明显地产生强烈的往复式振动。同时,由图 6 - 6 的测试数据,可知轴向窜动发生时,引起的振动位移量并不大(9.95Hz 所对应的纵坐标,相对于其他振动尺度不大),故相应产生的应力也应该不大,但其对叶根处力的特殊作用形式,却值得关注。该振动发生在低频,易被触发,长期被触发必然会对叶片疲劳损伤产生影响,缩短叶片使用寿命。

2.圆盘效应

仍以 1 号风轮为例,其振动形式如图 6 - 8 所示。

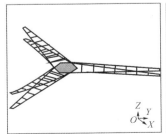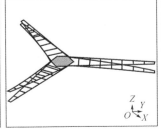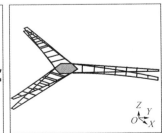

图 6 - 8　圆盘效应振动特性

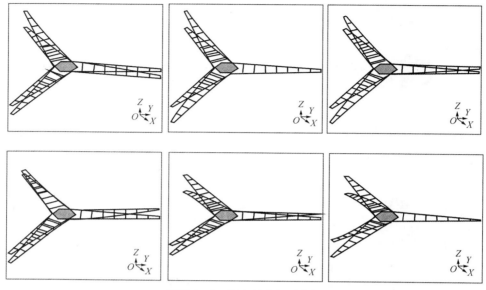

续图 6-8　圆盘效应振动特性

图 6-8 用 9 个连续的动态截图动态地演示了风轮一个完整的圆盘效应的振动过程。图 6-8 中平直不动的线条面为风轮处于静态时的位置面,另一线条面为风轮发生圆盘效应时,叶片振动所处的各个振动位置面。

圆盘效应也是在低频时被触发,振动形式与一阶反对称振动有相似之处:三支叶片振动形式相似,虽振动顺序先后和振动幅值稍有差异,但同一时刻三支叶片均处于静态位置面的两侧。然而其与一阶反对称振动却又有明显的不同:振动规律明显地呈现圆盘效应,即风轮的振动类似于圆盘以旋转的方式摔倒所产生的振动。圆盘效应发生时,叶根处承受回转式剪切应力。由图 6-6 中的测试数据,可知圆盘效应发生时,引起的振动位移量(17.1Hz 所对应的纵坐标)要强于轴向窜动效应,但却明显不及其他固有振动,故相应产生的应力应介于轴向窜动效应和一阶振动之间,但其对叶根处力的特殊作用形式,却也值得关注。该振动发生在低频,易被触发,长期被触发必然会对叶片疲劳损伤产生影响,缩短叶片使用寿命。

3.测试误差及结论可靠性分析

测试中,传感器自身误差、质量,数据线传输误差、质量,测试方法的不同(单点激励、多点响应测试方法和多点激励、单点响应测试方法)都会对测试结果的可靠性造成影响。

传感器灵敏度为 100 mV/ms^{-2}（1 000 mV/g）左右（因每只传感器在出厂时都经过单独灵敏度测试，故数据不一），属高精度测试设备，为进一步减小传感器自身误差对测试结果的影响，测试前利用 PULSE 系统组件分别对每一传感器进行校正、调零。

传感器垂直叶面安装，由于传感器和数据线自身存在重力效应，对叶片的振动及测试结果有一定的影响，特别是采用单点激励、多点响应的测试方法时，利用的加速度传感器和数据线较多。为此，在相同的测试环境和条件下，笔者曾只布置一个加速度传感器（只用到一个加速度传感器和一条数据线），采用多点激励、单点响应的测试方法进行过对比验证，结果发现风轮三阶以下振动固有频率差异最大不超过 4 Hz，最大差异发生在三阶振动，一阶及以下振动频率数据差异不超过 1 Hz，且同样在低频时出现了轴向窜动效应和圆盘效应；同时为了比较多点激励、单点响应测试中传感器布置位置和力锤敲击手法不同对测试结果可靠性的影响，单只传感器分别被布置于叶尖、叶中和叶根处进行测试，结果发现测试数据相对稳定，三次测试结果三阶以下振动固有频率差异最大不超过 3 Hz，同样最大差异发生在三阶振动，一阶及以下振动差异不超过 1 Hz，且均有轴向窜动效应和圆盘效应出现。在验证测试方法可靠性的同时，相当于利用不同测试方法对风轮轴向窜动和圆盘效应的存在做了多次验证。上述分析证明了测试方法在一定程度上会影响到数据的精度，但对风轮振动特性的发现上并无影响。

考虑到采用多点激励、单点响应法测试中，为保证每次力锤激励点位置的准确性，往往需要多次重复敲击及相应的多次系统操作，实验工作量太大，测试时间太长，且人为对测试结果干扰的可能性更大。故本章采用了单点激励、多点响应测试方法。考虑到研究的目的是为考证风轮实际运行状态下，低频时存在轴向窜动效应和圆盘效应两种风轮固有的振动方式，为定性分析，并不过分追求定量数据的精度，因此研究中所采取的测试方法是可行的，测试结论是可靠的。

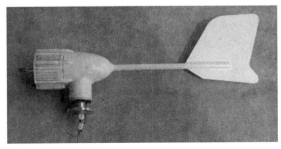

图 6-9　2 号电机

考虑到风轮与电机主轴连接方式及发电机结构不同可能对两类振动方式的出现存在影响。笔者曾对同一风轮与电机主轴的连接采用了不同的预紧力,低频时也均有两种振动方式的产生。为排除电机结构不同对两种振动方式出现的影响,测试中更换为图 6-9 所示的 2 号电机,测试结果也均在低频时出现了轴向窜动和圆盘效应。

综合以上分析,利用实验手段对考虑到的可能影响到轴向窜动效应和圆盘效应出现的因素做了一一排除,得出结论:风轮安装状态下,在低频时存在轴向窜动效应和圆盘效应两个普遍的振动方式。

6.3 小 结

本章利用国际上先进的 PULSE16.1 结构振动分析系统,对 4 类风轮进行了模态测试,发现风轮在安装条件下,低频时存在轴向窜动和圆盘效应两种普遍存在的振动方式。

轴向窜动效应发生时,各叶片振动形式相似,虽振动顺序先后和振动幅值稍有差异,但基本上保持步调一致,即均处于静态位置面的同一侧;同一支叶片沿翼展方向振动幅度并没有表现出像一阶对称振动时的线性感,而是沿翼展方向位移量的差异性并不大,且在叶根处很明显地产生往复式振动;但振动所引起的位移量不大,故相应产生的应力也应该不大。

圆盘效应发生时,各叶片振动形式相似,虽振动顺序先后和振动幅值稍有差异,但同一时刻各叶片均处于静态位置面的两侧;振动规律明显地呈现圆盘效应,即风轮的振动类似于圆盘以旋转的方式摔倒所产生的振动,叶根处承受回转式剪切应力;振动所引起振动位移量要强于轴向窜动效应,但却明显不及其他固有振动,相应产生的应力应介于轴向窜动效应和一阶振动之间。

第7章 测试中发现的叶片最恶劣侧风角

7.1 导 读

风力机运行在自然风环境中,风向频繁变化是常态,不论是受偏航系统调向控制的大、中型水平轴风力机,还是受尾舵控制调向的小型水平轴风力机,其实际运行工况均不可避免地受到来流风载方向变化的影响,即在运行中伴随着频繁变化的偏侧风导致的外界激励作用。已有研究揭示,偏侧风是导致风力机产生激振,进而发生共振、颤振最为主要的原因之一,也是风力机发生疲劳损伤和运行失稳的主要诱因。叶片作为风力机的主要动力部件,是风力机发生振动的主要诱因,因此获得叶片结构动力学参数随工况变化的响应特征是解决风力机结构安全性和运行稳定性的基础,应力/应变响应作为分析叶片疲劳损伤和运行失稳的重要基础参数则更应被深入研究,特别是随着风力机大型化和小型多用途化发展趋势的加剧,诸多优质气动性能风力机由于结构动力学性能设计失败或运行控制方案不当而造成产品夭折的事实已充分证实了这一问题的重要性。

然而,侧风条件下叶片应力/应变的动态响应属于典型的流固耦合问题。数值计算方面,受限于基础理论发展的滞后,有效解耦合方法的开发仍处于起步阶段,且缺乏实验数据对其可靠性的验证;实验方面,风力机属旋转机械,受限于无线遥测技术在风力机应用中适应性发展的滞后,使得相关测试技术困难较多且少有突破性进展。针对这一研究现状,本章利用实验的方法开展不同侧风条件下的叶片应变测试与分析。

7.2 测 试 试 验

7.2.1 测试对象及测试系统

测试对象为水平轴风力机,风轮直径为 1.4 m,叶片材质为木质,测试系统如图 7-1 所示。

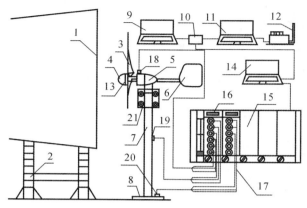

图 7-1 测试系统

1—风洞；　2—支架；　3—叶片；　4—导流罩；　5—发电机；　6—尾舵；　7—塔架；　8—基座；
9—主控电脑；　10—同步触发器；　11—应变值采集控制电脑；　12—无线信号接收器；
13—无线信号发射器；　14—加速度值采集控制电脑；　15—数据采集箱；　16—数据采集卡；
17—数据线；　18,19,20—加速度传感器；　21—侧风角调控装置

　　测试系统可实现叶片表面动态应变值与发电机、塔架、基座振动加速度值的同步监测,测试方法如下:

　　(1)风洞通过变频器调控洞体内轴流式风机的转速控制风力机前来流风速的大小。

　　(2)测试开始时,测试员通过主控电脑发出测试指令,主控电脑触发同步触发器同时发出测试指令给应变值采集控制电脑和加速度值采集控制电脑。

　　(3)应变信号由布置于叶片表面的应变片发出,信号通过排线(漆包线)传递给布置于发电机前端主轴上的无线信号发射器,无线信号被无线信号接收器捕获,并经网线传递给应变值采集控制电脑进行记录。

　　(4)加速度信号由布置于发电机、塔架和基座上的加速度传感器发出,信号通过数据线传递给数据采集卡,数据采集卡定位于数据采集箱内,并经网线将加速度信号传递给加速度值采集控制电脑。

7.2.2　测试装置及测点分布

　　应变值采集装置采用旋转机械应力应变遥测分析系统 TST5925 完成,测试原理如图 7-2 所示,该系统为国内首台专门针对风力机叶片动态应力应变信号采集设计的装置。

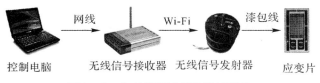

图 7 - 2　应变值测试系统测试原理

加速度值采集装置采用丹麦 B&K 公司研发的 PULSE19 结构振动分析系统,测试原理如图 7 - 3 所示。

图 7 - 3　加速度值测试系统测试原理

应变片布置如图 7 - 4 所示。1~7 号测点沿叶展均布于叶片气动中心线上;1,8,9 号测点分布于同一翼形面上,1 号测点靠近前缘,9 号测点靠近后缘,应变片布置方向沿叶展方向,采用半桥接法,排线附着于叶片表面,为尽可能减小排线布置对叶面流场的影响,排线采用直径为 0.1 mm 的超细漆包线,并采用强效玻璃胶形成薄膜层固封漆包线。

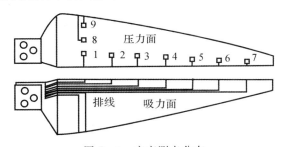

图 7 - 4　应变测点分布

加速度信号由 6 个加速度传感器感知,布置位置依编号为:1—发电机侧部前端;2—发电机顶端中部;3—塔架上部;4—塔架中部;5—塔架下部;6—基座边缘。在之前的研究中已证实 1 号传感器可较好地反映风轮振动的强弱,本章中仍以 1 号传感器所捕获的信号进行分析,用以判别当叶片应变值增大时,风轮整体振动强度是否增强,进而验证应变值获取的可靠性。传感器采用 B&K 公司的三向加速度传感器,可同时捕获测点处三个空间方向上的加速度值,传感器通过卡槽固定在垫片内,垫片通过 502 胶固接在测点处。

　　试验在内蒙古自治区新能源实验示范基地所属 B1/K2 型低速风洞开口实验段前,小型风力机专用测试台架上完成。该风洞开口实验段内径为 2 m,可提供 0~20 m/s 的均匀来流。风轮依实际运行工况安装,风轮和发电机主轴间通过螺栓连接,无线信号发射器通过螺栓和卡盘与发电机主轴固接,发电机安装于塔架上。侧风角度调控装置采用抱箍原理,通过抱箍松弛可实现风轮与塔架相对角度的调节,即侧风角度的调节,通过抱箍的预紧可实现发电机下端与塔架之间的固接,进而实现侧风角度的固定。

　　发电机输出参数的采集由美国 Fluke 公司研制的高精度六相功率检测分析系统 Norma 5000 完成,该装置可快速、高效、精确地捕获发电机的电频率、功率、电流、电压等多种输出参数,设备如图 7-5 所示。

图 7-5　Fluke Norma 5000

　　风洞开口实验段风速的标定由热线风速仪完成。同一来流风速、同一侧风角度时,风轮转速的调节通过调节发电机外接电耗负载的接入阻值实现,具体由自制 RLC 负载箱完成,如图 7-6 所示。测试前对风轮进行动平衡处理。来流风速选取 5~10 m/s,叶尖速比选取 5~7,侧风角度选取 5°~30°,各工况下数据采集时长为 30 s,测试现场如图 7-7 所示。

图 7-6　负载箱

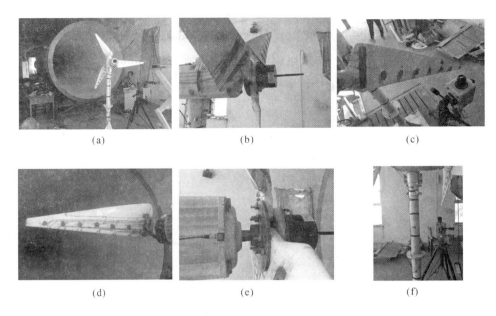

图 7-7　测试现场

(a)风洞及测试台架；　(b)无线信号发射器；　(c)压力面测点；
(d)吸力面排线；　(e)1 号加速度计；　(f)3~5 号加速度计

7.2.3　几点说明

(1)图 7-7 中(a)(c)(f)分图均可见摄像机装置,为德国 LaVison 公司研制的高频 PIV 系统,每秒最多可拍摄 10 000 张照片,可很好地实现流场的动态监测。图 7-7 所示试验方案涉及流场、叶片应变、发电机/塔架/基座加速度三类信号的同步监测,课题源于笔者所承担的国家自然科学基金项目。本章主要研究内容为该项目的一部分,不涉及流场参数相关内容,故未作介绍。

(2)三支叶片应变测点分布并不相同,实际测点数要多于图 7-4 所示。由于本章主要内容只涉及图 7-4 所示 9 处测点,因此对其他测点未作介绍。

(3)三支叶片布点后的动平衡处理由 PULSE 设备进行测试并借助美国 Vibrant 公司研制的 ME′scopeVES 动态特性分析软件实现,由于过程较为繁杂且不为本章研究内容主体工作,故在此不作赘述。

(4)风轮转速由发电机电频率及电极数间接获得。

7.3　测试结果分析

7.3.1　最恶劣侧风角

定义:应变值用 μ_ε 表示,侧风角用 β 表示,叶尖速比用 λ 表示。

以来流风速为 8 m/s,风轮叶尖速比为 5~7 为例,叶片表面 9 处测点 30 s 内应变值的均值如图 7-8 所示。

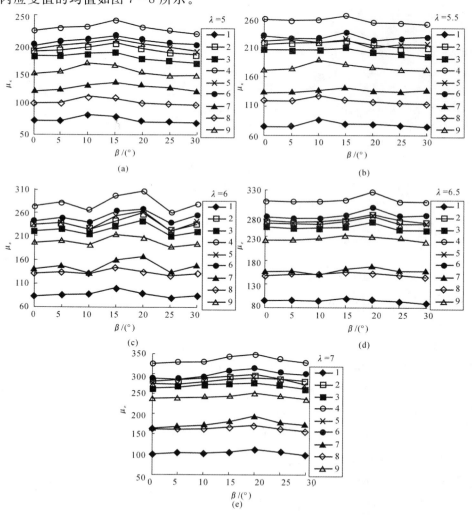

图 7-8　应变值随侧风角度的变化

(a)叶尖速比为 5;　(b)叶尖速比为 5.5;　(c)叶尖速比为 6;　(d)叶尖速比为 6.5;　(e)叶尖速比为 7

由图 7-8 中各分图可发现如下特征：

(1)在来流风速及叶片转速一定的情况下,存在最恶劣侧风(偏航)角,其应变值明显高于其他侧风角度时叶片的应变值,如图 7-8 所示各曲线均有峰值出现。理论分析可知,侧风角为 0°或 90°两个极限值时,三支叶片关于来流风向呈对称或平行分布,风轮所承受的有效气动力关于来流风向对称或不承受气动力,故三支叶片间不存在不平衡气动力;侧风角度不为 0°或 90°时,不平衡气动载荷将诱发风轮产生振动激励,考虑到风轮在两个极限侧风角间的偏转受力可视为一个连续受力过程,在两个极限值间必然存在某个侧风角度会使叶片所承受的不平衡气动力达到峰值,将该侧风角定义为"最恶劣侧风(偏航)角",同时将各侧风角下的不平衡气动力定义为"侧风(偏航)激振力",叶片处于最恶劣侧风角时所承载的侧风激振力达到极值。

(2)在来流风速及叶片转速一定的情况下,叶片不同位置所对应的最恶劣侧风角存在差异,低转速时叶根附近最恶劣侧风角小于叶尖和叶中部。如图 7-8(a)所示,叶尖速比为 5 时叶根处 1、8、9 号测点的最恶劣侧风角为 10°,明显小于叶中及叶尖处 2、3、4、5、6、7 号测点所对应的最恶劣侧风角度 15°。

(3)离心力是造成叶片最恶劣侧风变化的主要诱因,叶根处最恶劣侧风角随离心力的变化较叶尖和叶中部敏感。叶片转速增加时,如图 7-8(b)~(e)所示,1~9 号测点的最恶劣侧风角度值均有所增大,并在高转速变为一致,即叶根处所对应最恶劣侧风角随叶片转速的变化相对敏感。由图 7-8 可知,随叶尖速比增大,各曲线峰值不仅发生右移,同时相应增大,即叶片的受力增加。现对叶片受力作如下分析:如图 7-9 所示,叶片受力主要为气动力和离心力,气动力可分解为周向力和弯曲力,周向力驱动叶片旋转并使叶片沿周向产生变形,弯曲力诱发弯曲变形,离心力导致拉伸变形,三类变形均会影响应变值的获取。理论上分析可知,来流风速和侧风角度一定的情况下,叶片转速增加将促使气动力减小、离心力增大,即由气动力所导致的应变相应减小、离心力所导致的应变相应增大。测试中也印证了这一分析,因来流风速和侧风角度一定时,叶片转速的增加需通过调节发电机外接电耗负载减小电磁转矩实现。由此可见,叶片应变增大的主要诱因为离心力,这也正好解释了为何叶根处最恶劣侧风角随离心力的变化较叶尖和叶中部敏感。

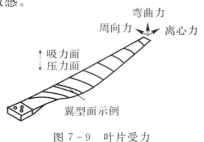

图 7-9　叶片受力

7.3.2　侧风状态下叶片的应变特征

由图7-8可发现如下特征：

（1）最大应变（应力集中区）总出现在叶片中部附近，而非人们惯性思维中的叶根部，这一发现可更正部分研究人员往往以叶根处作为应力集中区的做法。

（2）最恶劣侧风角附近，应变值并非总是随侧风角度的渐远呈单调下降，在部分转速下应变值会出现跳跃。如图7-8(a)所示，峰值附近应变值呈单调下降，图7-8(b)所示峰值两侧出现了微弱的应变值跳跃，图7-8(c)所示出现了显著的应变值跳跃；图7-8(d)所示跳跃趋变小，图7-8(e)所示恢复单调下降形式。以图7-8(c)为例，各测点最大应变值相对于最小值应变值的变化为13%～25.88%，由此可知，在来流风速和叶片转速一定（或变化不大）条件下的偏航行为可能诱发严重的应变（应力）波动，大幅度的应力变化对叶片的疲劳损伤存在严重影响。

7.3.3　侧风激振力对叶片应变影响的敏感性

为分析侧风激振力（气动力）与离心力对叶片应变影响的敏感性，构建数据图如图7-10所示。由图中数据分析可知，侧风角较小（5°）时，侧风激振力较小，离心力（叶尖速比）对应变值的影响相对显著，各测点应变值随尖速比的变化近似成线性，这与经典力学公式 $F=mv^2/r$ 看似矛盾，实则不然。其原因为：叶片为非规则体，各翼形面扭角不同，随叶片转速变化，各翼形面攻角将发生相应变化，叶片所受气动力不仅存在大小的变化，更存在方向的改变，在气动力和离心力复合作用下，叶片将发生复杂的弹性变形（为叶片与流场间的流固耦合问题，是学界至今仍未解决的难点问题），进而导致其有效离心半径 r 值产生动态变化；另一方面，气动力对叶片应变值也存在一定程度上的影响，故上述结论并无原理性错误。这一结论也佐证了当前部分研究人员在研究叶片结构动态响应时，为简化计算难度而对存在翼形扭角的叶片采用悬臂梁理论进行受力分析的方法并不适合。

另外，随侧风角增大，侧风激振力显著增强，离心力对应变值的影响优势下降，应变值随离心力变化产生明显波动，且叶根处应变值受侧风激振力影响的惰性较叶尖和叶中部大。

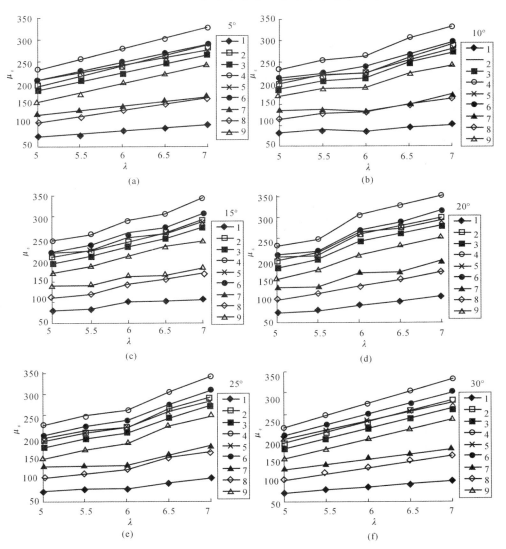

图 7-10　测点应变值随尖速比的变化

(a)侧风角为 5°；（b)侧风角为 10°；（c)侧风角为 15°；

(d)侧风角为 20°；（e)侧风角为 25°；（f)侧风角为 30°

7.3.4　试验结果的可靠性分析

(1)应变值的采样频率为 500 Hz,采集时长为 30 s,对每一测试工况所获的 $1.5×10^4$ 个数据均采用莱依特准则和狄克逊准则交叉判别的方法进行了数据的可靠性分析,去除了测量坏值。

（2）上述结论均以来流风速为 8 m/s 为例获得。考虑到来流风况的特殊性及叶片结构特征的特殊性,实际测试中来流风速选取了 5～10 m/s,并更换了如图 7-11 所示的 2 号叶片(2 号叶片为 NACA4415 翼形叶片,与 1 号叶片翼形结构及叶根连接方式上存在较大的差异性)进行相同的试验,测试值虽与本章所述叶片存在差异性,但却可获取相同的规律性结论。

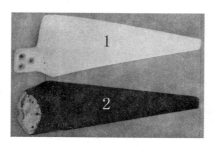

图 7-11　被测叶片

7.4　小　　结

本章提出了叶片应变信号与发电机、塔架和基座振动加速度信号同步监测的方法,发现了侧风(偏航)过程中存在最恶劣侧风角,风速及叶片转速一定时,叶片偏侧至该角度时所承受的侧风激振力最强,叶片受迫振动响应最为激烈。离心力是促使最恶劣侧风角变化的主要诱因,故叶根处最恶劣侧风角随离心力的变化较叶尖和叶中部敏感。

风速及叶片转速一定时,叶片不同位置点所对应的最恶劣侧风角不尽相同,低转速时叶根附近的最恶劣侧风角往往小于叶尖和叶中部。侧风角度较小时,侧风激振力相应较小,离心力对应变值的影响相对显著,叶片气动中心线及叶根附近应变值随叶片转速的变化近似成线性;当靠近最恶劣侧风角时,侧风激振力显著增强,离心力对应变值的影响优势下降,应变值随离心力变化产生明显的波动,且叶根处应变值受侧风激振力影响的惰性较叶尖和叶中部大,由常识可知应变值的强烈脉动对叶片的疲劳损伤存在严重的影响。

第8章 偏航状态下叶尖涡涡量值的拾取和分析方法

8.1 导 读

风力机运行工况下,叶片迎风面与背风面会产生压力差,促使气流由迎风面绕过叶尖端面流入背风面,形成叶尖涡。叶尖涡的产生将扰乱叶片表面上气流的二维流动特征,导致的流动损失是尾迹能量耗散的主要形式之一。因此,减弱叶尖涡的涡量值是提升风力机做功能力和减小噪声污染的主要途径之一。随着风力机大型化和小型多用途化发展趋势的加剧,叶尖涡随工况变化响应特征的获悉已成为高性能风力机开发中的关键性技术制约。然而,上述工作的开展须以叶尖涡的测量和涡核中心的识别为基础。

在与叶尖涡相关的实验研究方面,受限于流场高速监测设备开发的滞后和叶尖涡有效识别方法建立的滞后,能在同一实验平台上实现叶尖涡随工况因素变化响应特征方面的研究较少,且叶尖涡涡量值的有效获取方法较少。在数值计算方面,受限于流固耦合有效解耦合方法研发的滞后,接近实际的数值仿真结果较少;同时,相关研究成果大多局限于单纯的数值计算,其结论的可靠性缺乏相应实验数据的支撑。基于此,建立新的叶尖涡涡量值提取方法,有针对性地开展来流风速、叶片转速、偏航角度变化对叶尖涡涡量值影响的敏感性及其影响规律的实验研究,具有重要的理论意义和工程应用价值。

8.2 测 试 试 验

8.2.1 测试对象及测试系统

测试对象为分布式水平轴风力机叶片,叶片为木质,直径为 1.4 m。构建测试系统如图 8-1 所示。

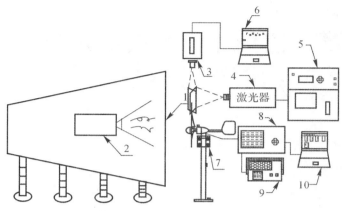

图 8 - 1 测试系统

1—风洞； 2—烟雾发生器； 3—高频 CCD 相机； 4—激光器；
5—激光器电源； 6—流场信息采集控制电脑； 7—偏航装置；
8—功率分析仪； 9—电子负载箱； 10—电信号采集控制电脑

8.2.2 流场监测设备

使用二维高频 TR - PIV 装置完成流场信号的监测,如图 8 - 2 所示。

图 8 - 2 高频 PIV

(1)激光器为 YLF LDY300 高重复率激光器,其脉宽可达 100 ns,最大功率输出为 150 W,触发频率为 1 000 Hz 时的单次激光能量为 30 mJ、输出波长为 527 nm。

(2)高频相机采用高灵敏度、兆像素分辨率的 HighSpeedStar8 数码相机,可进行每秒 10^4 张照片的连续拍摄。相机采用先进的 CMOS 传感器,最短曝光为 0.4 μs。相机拍摄范围为 200 mm×200 mm,拍摄前须利用边长为 197 mm 的方形矩阵点标定靶盘,确定映射函数关系,以确定拍摄范围及分辨率,并完成 CCD 相机对焦等工作(见图 8 - 3)。标定靶盘由白色的矩阵凹点以及斜纹凸条格组成,白色矩阵点间的距离均为 10 mm,凹凸面距离约为 1 mm。标定靶一端装有反射镜,用于确定拍摄面是否处于激光能量中心。靶盘标定参数如下:相机配置焦距为 42.392 4 mm;像素尺寸为 0.02 mm;像素纵横比为 1;拍摄区域:$X_0=$ 538.478 px,$Y_0=$514.139 px;比例因子为 5.813 33 px/mm。

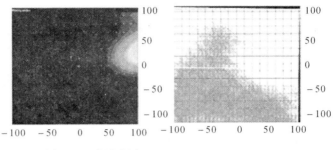

图 8-3　靶盘标定

（3）信号采集器除担负高频流场信号的采集工作外,同时还肩负高频相机、激光器和控制电脑三者之间信号的同步控制功能。

（4）采用的 Fog Machine 3000 型烟雾发生器可发射直径为 $1\sim2\ \mu m$ 的烟雾粒子,其原理是将含有乙二醇的烟油受热挥发后,通过烟雾发生器的喷嘴喷出,并与待测流场内的空气混合,形成带有荧光粒子的烟雾空气。

（5）流场监测区域的选择如图 8-4 所示。高频 CCD 相机采用仰视拍摄的方式,将 CCD 相机镜头垂直向上放置在风轮叶片正下方,激光器位于风力机后 1 m 处发射垂直于旋转平面的水平片光源。该拍摄方法,降低了相机架设重心,使拍摄更为稳定,既有效地保护相机,又不降低拍摄要求与精度。

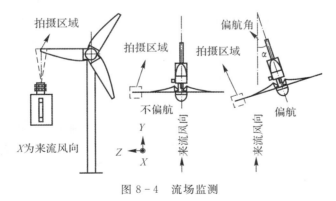

图 8-4　流场监测

8.2.3　发电机输出信号监测系统

发电机输出信号由 Norma 5000 装置完成。该装置可实现电频率、电压、电流和电功率等多种发电机输出参数的实时监测与分析。试验中,叶片转速值可通过发电机输出电频率除以电极数间接获得,如图 8-5 所示。

图 8-5　发电机输出信号监测

8.2.4　风洞装置

试验在吹气式低速低湍流风洞开口试验段前的专用测试台架上完成。风洞开口实验段内径为 2 m,可提供 0~20 m/s 的均匀来流。测试现场如图 8-6 所示。

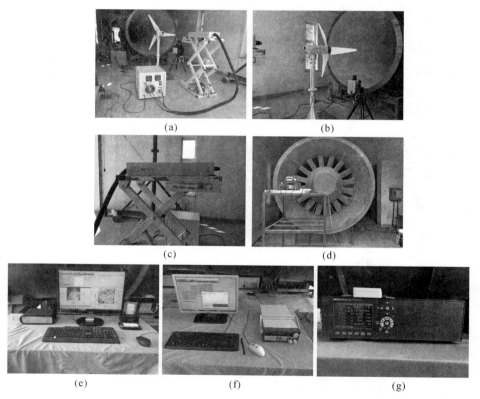

图 8-6　测试现场

(a)测试台架;　(b)CCD 高频相机;　(c)激光发生器;　(d)烟雾发生器;

(e)流场监测;　(f)发电机输出监测;　(g)Norma 5000

8.2.5　测试方法及其他说明

(1)来流风速的调节通过调节变频器来控制风洞入口端的轴流式引风机转速实现。

(2)试验开始后,开启风洞,根据所需风速调节风洞变频器;待试验段风速稳定后,使位于入口端的烟雾发生器持续喷射带有荧光粒子的烟雾;待烟雾到达试验段后,使 TR - PIV 和 Norma 5000 设备同步开启工作。两设备的采集频率均设置为 1 000 Hz,拍摄时长为 30 s。

(3)通过调控电子负载的接入阻值来调节叶片转速。

(4)测试中,选取来流风速 8～12 m/s,叶尖速比 4.5～6.5,偏航角度0°～20°。

8.3　涡量拾取方法的建立

涡量反映流体的旋度,表征叶尖涡的强度。涡量的提取方法一般分为以下两种。

(1)调取瞬时涡量云图,适用于理想平稳来流条件,如风洞闭口试验段等叶尖涡产生和扩散轨迹平稳的场合。一般,闭口段流速平稳,且为封闭环境,外界对叶尖涡的干扰因素较少,叶尖涡的产生与输运轨迹差异性很小。瞬时涡量变化剧烈,提取瞬时涡量曲线时,一般沿风轮径向以一条切割线纵向切割涡核中心,涡量曲线包含切割线上的整个流场信息。

(2)调取平均涡量云图,适用于非平稳来流或风洞开口试验段等叶尖涡产生和扩散轨迹有一定波动的场合。开口段中的风力机处于非封闭环境,叶尖涡受到的干扰因素较多。平均涡量是多张涡量图的叠加与平均,一般平均涡量曲线的提取方法与瞬时涡量曲线相同。

以上两种方法均只适合于叶片非偏航状态。叶片发生偏航后,尾迹涡旋的运行轨迹也将发生偏斜,若通过切割线法提取涡量曲线,必将存在严重的偏差,切割位置会随着偏航角度的增加发生偏移。若偏航角为 γ,切割轴向位置为 δ,则上述两种方法形成的偏差 $\Delta = \delta/\cos\gamma - \delta$。

考虑到现有的涡量值提取方法对叶片偏航行为分析的不适应性,提出了新的涡量提取方法,即通过点拾取涡量云图中某点的平均涡量值,如图 8 - 7 所示。

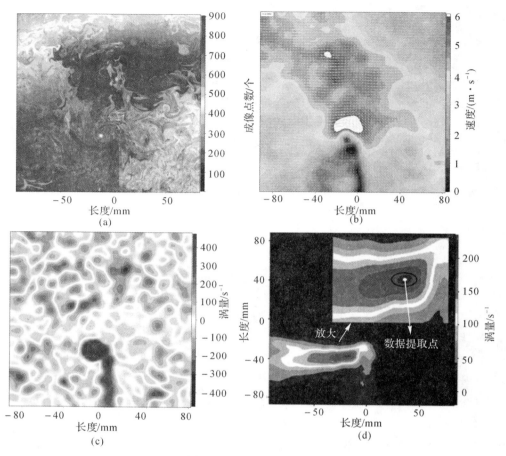

图 8-7　涡量拾取流程

(a)原始图；　(b)脉动速度；　(c)瞬时涡量；　(d)平均涡量

平均涡量的提取流程如下：

1)将原始图图 8-7(a)导入后处理器,跟踪流体中的微量示踪粒子的位移 Δx,并记录相应的时间间隔 Δt;计算流体速度 $v = dx/dt = \Delta x/\Delta t$,得到脉动速度的时间序列和空间分布,形成脉动速度场云图。定义速度分量 v_x 为轴向方向,正对来流为正方向;速度分量 v_y 为径向方向,径向向外为正方向,如图 8-7(b)所示。

2)利用脉动速度求解涡量形成瞬时涡量,涡旋沿逆时针旋转涡量为正,如图 8-7(c)所示。

3)通过瞬时涡量云图在时间维度上的堆积,生成平均涡量云图。

4) 识别不同工况时相同轴向位置靠近叶尖附近的涡量区域,发现该区域的涡量值较稳定,如图 8-7(d) 所示标记位置,故利用点拾取该区域内的平均涡量。

8.4　涡量值的分析

8.4.1　叶尖涡随来流风速和叶片转速的变化

叶尖涡涡量值随来流风速和叶片转速的变化如图 8-8 所示。

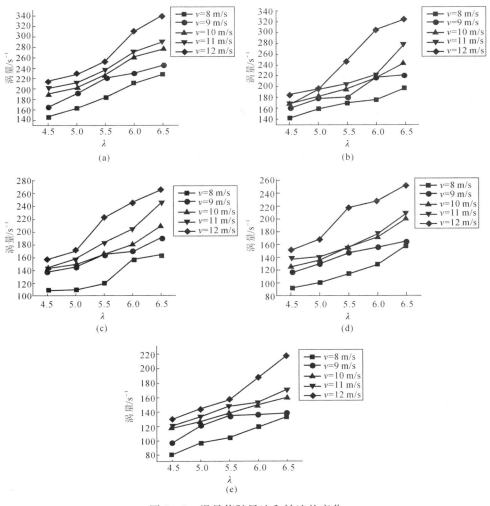

图 8-8　涡量值随风速和转速的变化

(a)β=0°;　(b)β=5°;　(c)β=10°;　(d)β=15°;　(e)β=20°

对比图 8-8 各分图,发现如下特征:

(1) 叶尖涡涡量值随来流风速的升高而增大。理论分析可知,三维流动中的速度矢量可以表示为 $\boldsymbol{v} = \begin{bmatrix} v_x & v_y & v_z \end{bmatrix}$,而涡量就是速度矢量的旋度,涡量的计算公式如下:

$$\boldsymbol{\Omega} = \boldsymbol{\nabla} \times \boldsymbol{v} = \begin{bmatrix} i & j & k \\ \dfrac{\delta}{\delta x} & \dfrac{\delta}{\delta y} & \dfrac{\delta}{\delta z} \\ v_x & v_y & v_z \end{bmatrix} = \begin{bmatrix} \dfrac{\delta v_z}{\delta y} - \dfrac{\delta v_y}{\delta z} & \dfrac{\delta v_x}{\delta z} - \dfrac{\delta v_z}{\delta x} & \dfrac{\delta v_y}{\delta x} - \dfrac{\delta v_x}{\delta y} \end{bmatrix}$$

$$(8-1)$$

由于利用二维高频 PIV 拍摄,因此式(8-1)中 v_z 方向的速度为 0,且由标定可知 v_x 为负,v_y 为正。式(8-1)可以简化为

$$\boldsymbol{\Omega} = \begin{bmatrix} 0 & 0 & \dfrac{\delta v_y}{\delta x} - \dfrac{\delta v_x}{\delta y} \end{bmatrix} \qquad (8-2)$$

在不考虑叶片动态失速的情况下,随着风速的增加,若叶片尖速比保持不变,径向速度 v_y 增加,轴向速度增加 v_x(v_x 为负值,绝对值增加),导致 $\delta v_y / \delta x - \delta v_x / \delta y$ 增加,且为正值,故来流风速升高后,尾流的平均涡量也随之增加。

(2) 叶尖涡涡量值随叶片转速的增加而增大。同理,若来流风速不变,v_x 轴向速度不变,随着尖速比升高,叶片转速加快,进而导致叶片的诱导速度增大,同样导致 $\delta v_y / \delta x - \delta v_x / \delta y$ 增加且为正,故平均涡量随尖速比的增加而增大。

8.4.2 叶尖涡随偏航角的变化

叶尖涡随偏航角的变化如图 8-9 所示。对比图 8-9 中各分图,发现如下特征:

(1) 偏航角对涡量值随来流风速与叶片转速变化的趋势影响不大。

(2) 随偏航角增加,叶尖涡涡量值减小。理论分析可知,随偏航角增加,尾流发生偏斜,导致尾流与外部流体间的剪切作用增强,涡量值减小。

(3) 叶尖涡涡量值越大,随偏航角的增加涡的耗散效应越显著。如图 8-10 所示,若提高叶片转速,叶尖涡径向速度 v_y 增大,叶尖涡的涡量增加,诱使叶尖涡向涡量较小的区域移动(F 为叶尖涡的扩散驱动力)。提高来流风速 v_x,叶尖涡涡量增加,导致流体流动阻力升高,尾流径向轴流速度梯度 $\boldsymbol{\Delta}$ 增加。随偏航角增加,叶尖涡涡量减小。综合以上分析可知,涡量值越大,偏航角对叶尖涡耗散的影响越显著。

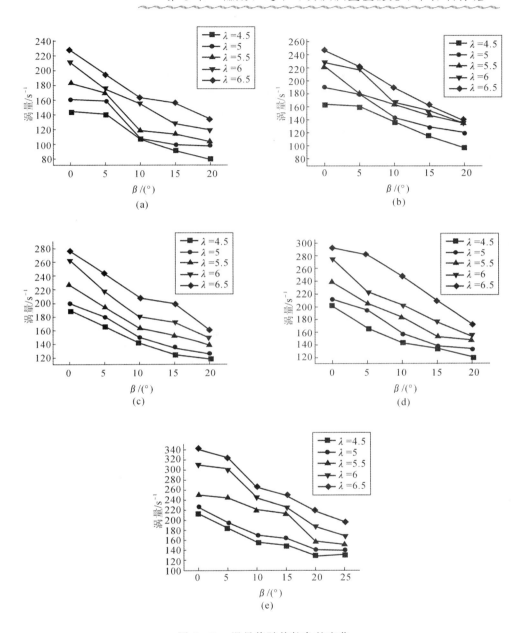

图 8－9　涡量值随偏航角的变化

(a)$v=8$ m/s；　(b)$v=9$ m/s；　(c)$v=10$ m/s；　(d)$v=11$ m/s；　(e)$v=12$ m/s

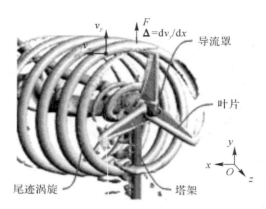

图 8-10　尾迹涡旋的扩散

8.5　小　　结

　　本章建立了偏航工况下叶尖涡涡量值的拾取与分析方法,并通过实例揭示：叶尖涡涡量值随来流风速和叶片转速的升高而增大;偏航角对涡量值的影响随来流风速和叶片转速的变化不大,且随偏航角增加,叶尖涡涡量值减小;叶尖涡涡量值越大,随偏航角的增加涡的耗散效应越显著。

第9章 偏航时叶片尾迹流场和叶面压力的分析方法

9.1 导　　读

随着风力发电机多用途发展趋势的加大,分布式风力发电机得到了广泛的发展和应用。发展至今,大型风力发电机尾迹流场生成特征及发展规律已有较多的研究成果,相关问题也得到了较完备的诠释。然而,由于研究人员早期大多着眼于大型风电叶片,导致分布式风电叶片尾迹流场生成特征和演变规律并未获得较好的深入研究,同时由于分布式风力发电机与大型风力发电机结构形式有巨大的差异(如叶片形式的差异性和尾舵的存在),直接将针对大型风电叶片获得的现有结论性成果套用于分布式风电叶片并不科学。另一方面,受测试条件的限制,针对大型风电叶片尾迹流场特征的试验佐证往往采用缩比实验完成,然而缩比实验对于相关结论可靠性的验证并未获得学界的一致认可,特别是如果将叶片弹性变形考虑在内,至今仍无法同时实现几何相似、速度相似、结构响应相似和雷诺数相等四个条件的同时满足,故针对大型风电叶片所获的关于尾迹流场方面的结论性成果仍停留在理论研究阶段,并未完全通过实验的可靠性检验,因此将相关研究成果直接套用于分布式风电叶片更具有较大的不确定性。

随着分布式风电应用的快速发展,偏航控制技术(如机械偏航)的研发获得关注,作为偏航控制技术研发的关键性基础问题,偏航角对叶片尾迹流场特征及叶面压力分布的影响规律至今仍未获得较好的诠释。因此,针对性开展相关研究工作对分布式风电偏航控制技术的研发及分布式风力机的微观选址具有一定好的现实性指导意义。

9.2 数　值　计　算

9.2.1 数学模型

研究对象为三叶片小型水平轴风力机,风力机整机由风轮(叶片、轮毂)、导流罩、发电机、尾舵、塔架和基座六个部分组成,各部件尺寸依实体测试模型建立数学模型如图 9-1(a)所示。相关测试在内蒙古新能源实验示范基地的 B1/K2型低速风洞开口实验段前,小型风力机专用测试台架上完成,因此数值计算域依据实验现场建立,如图 9-1(b)所示。

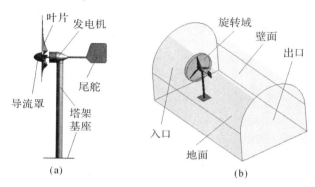

图 9-1 计算模型

(a)整机模型; (b)计算域

9.2.2 网格划分

如图 9-2 所示,叶片利用旋转体包裹,该区域网格随叶片同步旋转;尾迹流场区域采用静止域,并实现网格加密;尾迹流场以外的区域也采用静止域,网格密度适当减小;静止域与旋转域间的数据传递采用滑移网格完成,控制方程见下式:

$$\frac{\mathrm{d}}{\mathrm{d}t}\int_V \rho\phi\,\mathrm{d}V + \int_{\partial V} \rho\phi(\boldsymbol{u}-\boldsymbol{u}_g)\cdot\mathrm{d}\boldsymbol{A} = \int_{\partial V} \Gamma\,\nabla\phi\cdot\mathrm{d}\boldsymbol{A} + \int_V S_\phi\,\mathrm{d}V \qquad (9-1)$$

式中,ρ 为流体密度,$\mathrm{kg/m^3}$;$\boldsymbol{u}$ 为流动的速度矢量;$\boldsymbol{u}_g$ 为滑移网格的滑移速度;∂V 为控制体积 V 的边界。

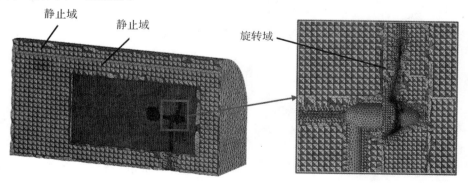

图 9-2 网格划分

（2）风力机外表面附近流场扰动复杂，相关区域采用网格加密，并对叶面附近网格进行重点加密，为解决相邻网格尺度差异大造成的数据传输失败或计算精度下降的难题，风力机表面附近的网格综合利用贴体网格、网格膨胀技术实现网格的划分。

（3）进行网格无关性检查：即进行计算域整体网格加密，比较加密前、后两次数值计算的结果，直至计算结果不随网格密度的增大而发生变化，并采用该次网格设置作为最终的网格划分结果。

9.2.3　计算方法

采用非稳态算法，来流风速选取 9 m/s，叶尖速比分别为 4.5，5，5.5 和 6，偏航角度为 $0°\sim30°$。

考虑到叶片旋转过程中，伴随着较强的逆压梯度和流动分离，故所采用算法模型须考虑湍流剪切应力效应，并对涡流黏度不产生过度预测，而 SST k-w 和大涡模拟算法模型在上述问题解决方面具备显著的优势。然而，综合考虑计算资源与计算时长方面的优势，采用 SST k-w 算法模型较为适宜。计算中控制方程见下式：

$$\int_{t'}\frac{\partial\rho\phi}{\partial t}\mathrm{d}V + \oint\rho\phi U \cdot \mathrm{d}A = \oint\Gamma_\phi \boldsymbol{\nabla}\phi \cdot \mathrm{d}A + \int_{t'}S_\phi\mathrm{d}V \tag{9-2}$$

式中，ρ 为空气密度，$\mathrm{kg/m^3}$；A 为面积向量；Γ_ϕ 为变量 ϕ 的扩散系数；$\boldsymbol{\nabla}\phi$ 为变量 ϕ 的梯度。

网格离散后，每一个单元都是一个独立的控制体，则控制方程可转换为

$$\frac{\partial\rho\phi}{\partial t}V + \sum_i^N \rho_i\, v_i\phi_i \cdot A = \sum_i^N \Gamma_\phi \boldsymbol{\nabla}\phi_i \cdot A_i + S_\phi V \tag{9-3}$$

式中，N 为控制体积面数；ϕ_i 为通过控制体积面 i 的通量；$\rho v_i\phi_i \cdot A$ 为控制体界面 i 上的质量流量；A 为控制体界面 i 的面积向量。

考虑到气体流动中湍流、涡旋等特征，单点流体的流动特征不仅仅受上流来流的影响，同时受到下流气动流动特征的影响，故不同网格间数据的传递采用二阶差分格式。

9.2.4　尾迹流场特征

定义计算域三维坐标如图 9-3(a) 所示。叶尖涡、附着涡和中心涡是风力机尾迹流场中三个最为典型的特征，如图 9-3 所示，利用本章计算模型，可很细致地描述风力机的尾迹流场特征。叶尖涡和中心涡从叶面脱体后形成自由涡，随来流风速驱动向下流形成完整的涡旋轨迹；附着涡从叶面脱体时受到叶片旋

转的影响,很快消散。依据本章所建立模型,可方便地针对流场中所关注点开展流场特征分析,但算法的计算可靠性有待验证。

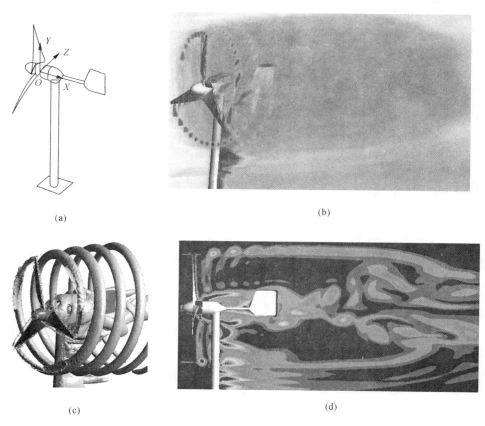

(a)

(b)

(c)

(d)

图 9 - 3　流场特征

(a)坐标定义;　(b)速度场;　(c)涡场;　(d)涡场 XOY 面切片

9.3　计算模型的可靠性验证

9.3.1　测试对象及测试系统

为检验本章所建立数学仿真模型的计算精度,以下通过试验方法予以检验。测试对象为小型水平轴风力机,风轮直径为 1.4 m,叶片为木质。依据试验要求构建风力机流场参数、发电机输出参数同步监测系统如图 9 - 4 所示。

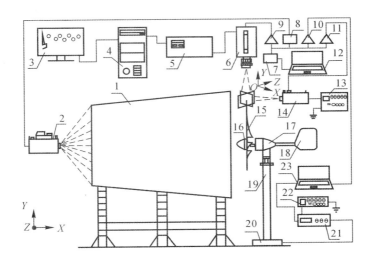

图 9 - 4　测试系统

1—风洞；　2—烟雾发生器；　3—显示器；　4—电脑；　5—高频信号采集器；　6—高频相机；

7,8—同步触发器；　9～11—延时触发器；　12—触发控制电脑；　13—激光器电源；　14—激光发生器；

15—叶片；　16—导流罩；　17—发电机；　18—尾舵；　19—塔筒；　20—基座；

21—发电机输出信号采集器；　22—电子负载；　23—电脑

9.3.2　流场监测系统及方法

流场信号监测由德国 LaVision GmbH 公司研发的二维高频 TR - PIV 装置完成,如图 9 - 5 所示。

控制电脑　　　　信号采集器　　　　高频相机　　激光发生器

图 9 - 5　TR - PIV

激光器为 YLF LDY300 高重复率激光器,如图 9 - 6(a)所示,其脉宽可达 100 ns,功率输出最大为 150 W,触发频率为 1 000 Hz 时的单次激光能量为 30 mJ,输出波长为 527 nm,配备专用电源系统如图 9 - 6(b)所示。

 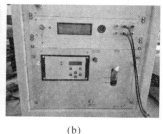

(a)   (b)

图 9-6   激光器系统

（a）激光发生器；   （b）激光器电源

采用 Fog Machine 3000 型烟雾发生器，如图 9-7 所示。该装置可发射直径为 1～2 μm 的烟雾粒子，其原理为含有乙二醇的烟油受热挥发后，通过烟雾发生器的喷嘴喷出，并与待测流场内的空气混合，形成带有荧光粒子的烟雾空气。

图 9-7   烟雾发生器

流场监测区域的选择如图 9-8 所示。高频 CCD 相机实际采用仰视拍摄的方式，将 CCD 相机镜头垂直向上放置在风轮叶片正下方，激光器位于风力机后 1 m 处发射垂直于旋转平面的水平片光源，该种拍摄方法在不降低拍摄要求与精度的前提下，降低了相机架设重心，使相机拍摄时更为稳定。

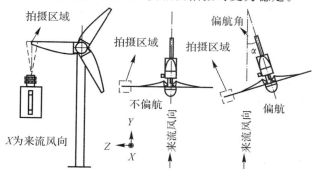

图 9-8   流场监测

9.3.3　发电机输出信号监测系统

发电机输出信号由德国 Fluke 公司研发的 Norma 5000 装置完成,如图 9 - 9 所示,该装置可实现电频率、电压、电流和电功率等多种发电机输出参数的实时监测与分析,试验中叶片转速值可通过发电机输出电频率除以电极数间接获得。

控制电脑　　　　　Fluke Norma 5000　　　　　风力机

图 9 - 9　Norma 5000

9.3.4　风洞装置

试验在内蒙古新能源实验示范基地的 B1/K2 型风洞开口试验段前,小型风力机专用测试台架上完成,如图 9 - 10 所示。

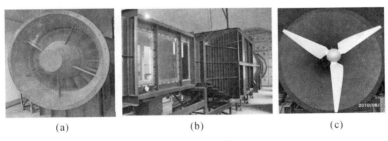

(a)　　　　　　　　　　(b)　　　　　　　　　　(c)

图 9 - 10　风洞装置

(a)入口段; (b)洞体; (c)出口段

9.3.5　测试方法及试验数据判别方法说明

(1)风速的大小通过调节变频器控制风洞入口端内的轴流式引风机的转速予以实现。

(2)试验开始后,根据所需风速调节风洞内轴流式引风机转速,待试验段风速稳定后,利用触发控制电脑(见图 9 - 4 中 13)激活同步触发器(见图 9 - 4 中 7),使位于风洞入口端的烟雾发生器持续喷射带有荧光粒子的烟雾,待烟雾到达试验段后,延时触发器(见图 9 - 4 中 9,10,11)同步触发,使 TR - PIV 和

Norma 5000设备同步开启工作。三套设备的采集频率均设置为 1 000 Hz，TR - PIV的拍摄时长设置为 30 s。

（3）叶片转速的调节通过改变电子负载的接入阻值实现。偏航角度调控装置采用抱箍原理，通过抱箍松弛可实现风轮与塔架相对角度的调节。

（4）试验过程中所产生的测试数据量较大，测试中偶然因素的发生将导致个别测试数据产生粗大误差，须予以剔除；考虑到现有各类数据可靠性判别方法的适用性均存在限制，故采用莱依特准则、格拉布斯准则与狄克逊准则相互结合交叉判别的方法实现。

9.3.6 叶尖涡的获取

拍摄区域内，叶尖涡的生成与扩散过程如图 9 - 11～图 9 - 13 所示。

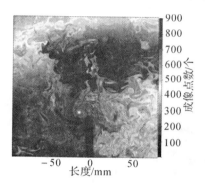

图 9 - 11　监测图

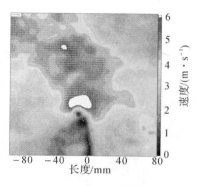

图 9 - 12　速度场

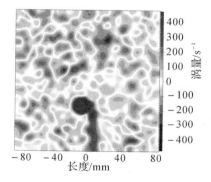

图 9 - 13　涡量场

9.3.7　数学模型的可靠性验证

选取叶片后方 50 mm 处的叶尖涡进行仿真数据与试验数据对比。将来流风速为 8~10 m/s,叶尖速比为 4.5~6,偏航角 0°~30°时该处的叶尖涡特征进行对比,发现计算流场与测试流场特征具有很好的一致性。以来流风速为 8 m/s、叶尖速比为 5、偏航角度为 0°~30°为例,流场特征对比如图 9-14 所示。从定量角度分析,计算涡量值相对于试验涡量值的相对误差控制在 5% 以内,从而充分验证了计算数据的可靠性。

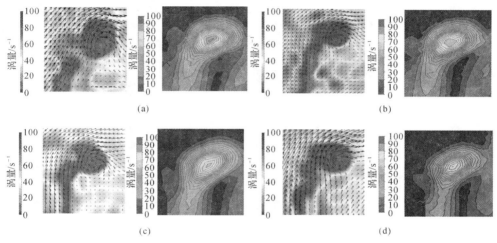

图 9-14　计算结果与实验结果比较

(a)偏航角为 0°;　(b)偏航角为 10°;　(c)偏航角为 20°;　(d)偏航角为 30°

注:各分图中左侧图为试验测试图,右侧图为数值仿真图。

9.4　计算结果分析

由于 PIV 监测空间的局限性,利用 PIV 装置开展风力机尾迹流场整场扩散特征的分析存在较大难度,所以利用经试验佐证可靠性较好的数值仿真开展相关研究更具优势。

9.4.1　尾迹涡特征随偏航角度的变化

以来流风速为 8 m/s,叶尖速比为 5 时为例,尾迹流场中 *XOZ* 面上涡特征随偏航角的变化如图 9-15 所示。具体分析如下：

(1)由图 9-15(a)分析可知,叶尖涡脱体后沿径向的扩散半径先增大后逐渐减小,与叶尖涡产生后沿径向的扩散半径逐渐增大直至耗散殆尽的经典理论不符。分析原因:叶尖涡脱体后,受离心力作用产生沿叶片径向的传播,诱使扩散半径增大,传播中受周围气动黏滞力的影响,叶尖涡沿径向的扩散能量很快消耗殆尽,此时叶尖涡沿径向的扩散半径达到极值。之后,在周围势流与尾迹流间压差的作用下,叶尖涡产生反方向传播,进而导致其扩散半径逐渐减小。

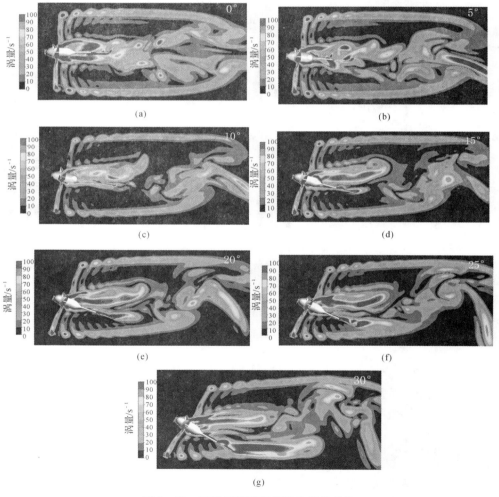

图 9-15　尾迹涡特征随偏航角度的变化
(a)偏航角为 0°;　(b)偏航角为 5°;　(c)偏航角为 10°;　(d)偏航角为 15°;
(e)偏航角为 20°;　(f)偏航角为 25°;　(g)偏航角为 30°

（2）由图 9 - 15(a)可以发现,虽然中心涡形成的强度较大,但其向下游传播中受发电机和尾舵几何结构的影响,其向下游输运的能力有限,耗散较快。

（3）由图 9 - 15(a)可以发现,在发电机和尾舵表面,会产生卡门涡街,且产生的卡门涡向下游的输运能力远远超过中心涡,是尾迹能量向下游传播的主要形式之一。同时由其他分图可以发现,随偏航角度增大,尾舵偏转方向侧的卡门涡受到抑制,另一侧的卡门涡强度则得到增益,该侧涡团影响范围得到明显增益。

（4）附着涡产生后消散是最快的,向下游的输运能力很小。一方面原因为叶片是存在扭角的不规则体,产生规则且能力较集中的涡难度较大;另一方面原因为附着涡产生后还来不及向下游很好地传播即被后续跟进的叶片所打散。同时由各分图可以发现,靠近叶尖处附着涡的输运能力强于叶中处。

（5）由图 9 - 15(a)(b)分析可知,当偏航角为 0°时,发电机和尾舵产生的卡门涡在脱体后很快分割成各自独立的涡系,并在向下游的发展中逐渐靠近叶尖涡系,直至两者发生交汇,形成大面积涡团。然而,随偏航角增加,卡门涡的产生和发展方向受到限制,叶尖涡与卡门涡的交汇概率明显下降,涡系交汇处的涡团影响范围显著减小,如图 9 - 15(c)(d)所示;当偏航角持续增加时,如图 9 - 15(e)(f)(g),卡门涡再次与叶尖涡发生交汇,交汇涡团的涡量值和影响范围显著增大。

（6）如图 9 - 15(g)所示,当尾舵偏转后伸入到叶尖涡的传播路径时,叶尖涡的发展受阻,在尾舵处生成强涡团耗散,同时叶尖涡耗散势必对风力机产生周期性脉冲激励,故风力机运行中应尽量避免该种运行工况。为了验证这一推论,将图 9 - 15(a)(g)所对应的运行工况进行风力机整机受力分析,计算中同时考虑气动力、重力和离心力,结果发现:当偏航角度为 0°和 30°时,尾舵的最大振动位移分别为 0.310 mm,0.340 mm,由于支撑塔筒和尾舵均为结构钢材质,尾舵振动位移增加的绝对量虽然很少,但相对量却增加了近 10%,由此也验证了上述推论的正确性。

9.4.2　叶片翼形表面压力随偏航角度的变化

考虑到本章中叶片的设计主要出力区域为距叶根 70%半径处,故以下针对该处翼形面压力随偏航角的变化特征开展分析,如图 9 - 16 所示。由图 9 - 16 可知,叶片压力面上最大压力值并不随偏航角的变化而发生明显改变,而叶片吸力面上最小压力值随偏航角的增大明显增大。研究同时发现,叶片压力面压力拐点(压力值最小点)随偏航角的增大有明显向前缘点移动的趋势。

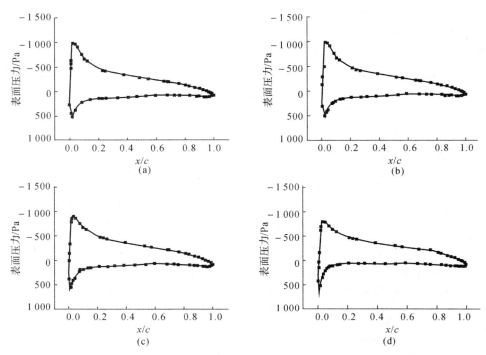

图 9-16　叶片 70% 处表面压力随偏航角度的变化

(a)偏航角为 0°；　(b)偏航角为 10°；　(c)偏航角为 20°；　(d)偏航角为 30°

9.5　小　　结

　　本章建立了偏航时叶片尾迹流场和叶面压力的分析方法,并通过实例揭示:叶尖涡脱体后的扩散半径呈先增大后减小的发展规律,与叶尖涡扩散半径逐渐增大直至耗散殆尽的经典理论不符;中心涡虽然形成的强度较大,但其向下游传播中受发电机和尾舵几何结构的影响,其向下游输运的能力有限,耗散较快;发电机和尾舵表面,会产生卡门涡街,且所产生的卡门涡向下游的输运能力远远超过中心涡,是尾迹中心区域能量向下游传播的主要形式之一;附着涡产生后消散是最快的,向下游的输运能力很小。

　　研究同时揭示:偏航角度为 0° 时,发电机和尾舵产生的卡门涡在脱体后形成独立的涡系,并在向下游的发展中逐渐靠近叶尖涡系,直至二者发生交汇,形成大面积涡团;然而,随偏航角增加,卡门涡的产生和发展方向受到限制,叶尖涡与卡门涡的交汇概率明显下降,涡系交汇处的涡团影响范围显著减小;当偏航角持续增加时,卡门涡再次与叶尖涡发生交汇,交汇涡团的涡量值和影响范围显著增大;当尾舵偏转后伸入到叶尖涡的传播路径时,叶尖涡的发展受阻,在尾舵处生成强涡团耗散,同时叶尖涡耗散诱发叶片产生周期性脉冲激励,叶片受迫振动效应增强;当尾舵偏转后伸入到叶尖涡的传播路径时,叶尖涡的发展受阻,在尾舵处生成强涡团耗散,同时叶尖涡耗散势必对风力机产生周期性脉冲激励,故风力机运行中应尽量避免该种运行工况。

作为本章中影响叶片气动性能最为显著的距叶根 70% 半径处,叶片压力面上最大压力值并不随偏航角的变化而发生明显改变,而叶片吸力面上最小压力值随偏航角的增大明显增大,且叶片压力面压力拐点随偏航角的增大有明显向前缘点移动的趋势。

第10章　叶片形变与尾迹流场间的关联性分析方法

10.1　导　　读

随着风力机大型化和分布式多用途化发展趋势的加剧,叶片柔性问题和复杂工况运行的适应性问题,已成为当今风电叶片研发中最为关注的焦点和难点,与其相关的研究工作具有重要的理论意义和工程应用价值。

数值计算方面,受限于流固耦合主控方程有效解耦方法开发的滞后,相关数值方法研究仍处于起步阶段;在实验方面,受限于流场参数和叶片振动参数无干扰同步监测系统研发的滞后,相关实验设备和方法仍处于起步阶段。在风机运行中,叶尖的结构响应最为显著;同时,叶尖涡作为尾迹流场的重要特征参数,随工况变化的响应特征也极为显著。因此,本章以两者间的关联性分析为例开展相关研究方法的介绍。

10.2　数　值　计　算

10.2.1　计算域建模

计算模型的建立如图 10-1 所示。叶片直径为 1.4 m,叶片材料为木质。

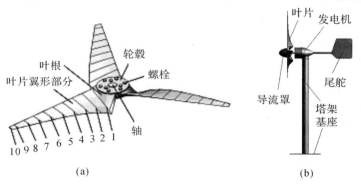

(a)　　　　　　　　　　　　　　　　　(b)

图 10-1　计算域模型

(a)风轮模型;　(b)整机模型

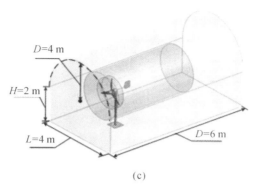

(c)

续图 10-1　计算域模型

(c)计算域建模

10.2.2　网格划分

如图 10-2 所示的计算域模型中,叶片由旋转体包裹,该区域网格随叶片同步旋转。尾迹流场区域为静止域,并实现网格加密。尾迹流场以外的区域也为静止域,网格密度适当减小。静止域与旋转域间的数据传递采用滑移网格完成。控制方程为

$$\frac{\mathrm{d}}{\mathrm{d}t}\int_{V}\rho\phi\mathrm{d}V + \int_{\partial V}\rho\phi(\boldsymbol{u}-\boldsymbol{u}_g)\cdot\mathrm{d}\boldsymbol{A} = \int_{\partial V}\Gamma\,\boldsymbol{\nabla}\,\phi\cdot\mathrm{d}\boldsymbol{A} + \int_{V}S_{\phi}\mathrm{d}V \qquad (10-1)$$

式中,ρ 为流体密度,$\mathrm{kg/m^3}$;$\boldsymbol{u}$ 为流动的速度矢量;$\boldsymbol{u}_g$ 为滑移网格的滑移速度;δV 为控制体积 V 的边界。

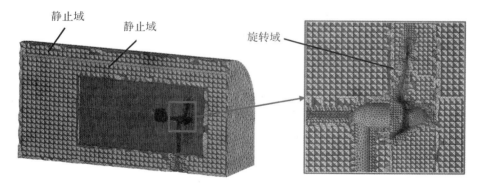

图 10-2　网格划分

10.2.3　侧风计算的实现

为探讨侧风工况下叶尖形变与叶尖涡涡量值的关联性,采用旋转计算域的方法实现不同来流风向的调节,如图 10-3 所示,其中 γ 为侧风角度。

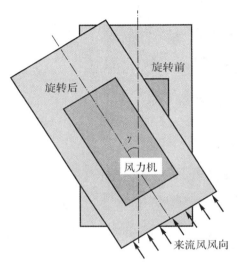

图 10-3　侧风工况的实现

10.2.4　计算方法

采用非稳态算法开展计算。计算参数设置:来流风速分别选取 8 m/s,9 m/s;叶尖速比 $\lambda=5$;侧风角度为 $0°\sim30°$;计算时间步长为叶片每旋转 1°的时间。计算流程如图 10-4 所示。

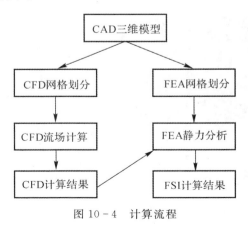

图 10-4　计算流程

考虑到叶片旋转过程中伴随着较强的逆压梯度和流动分离,故须考虑湍流剪切效应,并不能对涡流黏度产生过度预测。SST k－w 算法和大涡模拟算法在解决上述问题方面具备显著的优势。然而,综合考虑计算资源与计算时长方面的优势,采用 SST k－w 算法模型较为适宜。计算中控制方程为

$$\int_{t'} \frac{\partial \rho \phi}{\partial t} \mathrm{d}V + \oint \rho \phi U \cdot \mathrm{d}\boldsymbol{A} = \oint \Gamma_\phi \, \boldsymbol{\nabla} \phi \cdot \mathrm{d}\boldsymbol{A} + \int_{t'} S_\phi \mathrm{d}V \tag{10－2}$$

式中,ρ 为空气密度,$\mathrm{kg/m^3}$;$\boldsymbol{A}$ 为面积向量;Γ_ϕ 为变量 ϕ 的扩散系数;$\boldsymbol{\nabla}\phi$ 为变量 ϕ 的梯度。

网格离散后,每一个单元都是一个独立的控制体,则控制方程可转换为

$$\frac{\partial \rho \phi}{\partial t}V + \sum_i^N \rho_i \boldsymbol{v}_i \phi_i \cdot \boldsymbol{A} = \sum_i^N \Gamma_\phi \, \boldsymbol{\nabla} \phi_i \cdot \boldsymbol{A}_i + S_\phi V \tag{10－3}$$

式中,N 为控制体积面数;ϕ_i 为通过控制体积面 i 的通量;$\rho \boldsymbol{v}_i \phi_i \cdot \boldsymbol{A}$ 为控制体界面 i 上的质量流量;$\boldsymbol{A}$ 为控制体界面 i 的面积向量。

考虑到气体流动中的湍流、涡旋等特征,单点流体的流动特征不仅仅受上游来流的影响,同时受下游气动流动特征的影响,故不同网格间数据的传递采用二阶差分格式。

10.2.5　边界条件

边界条件设置如图 10－5 所示。

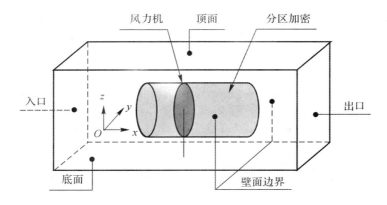

图 10－5　边界条件

10.3 计算结果分析

10.3.1 叶尖涡随侧风角的变化特征

定义风力机的三维坐标如图 10-6 所示。

图 10-6 坐标定义

以来流风速为 8 m/s,叶尖速比 λ=5 时为例,尾迹流场中 XOZ 面上涡特征随侧风角的变化如图 10-7 所示。

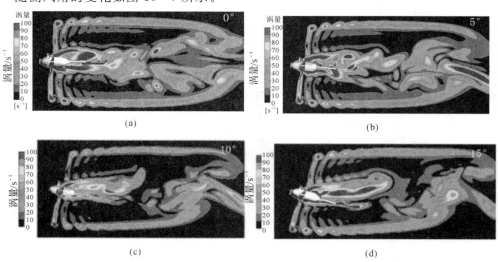

(a)

(b)

(c)

(d)

图 10-7 尾迹涡特征随侧风角度的变化

(a)侧风角为 0°; (b)侧风角为 5°; (c)侧风角为 10°; (d)侧风角为 15°

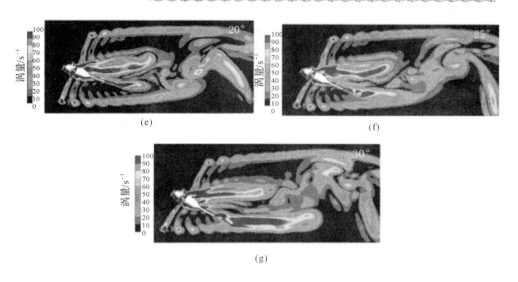

续图 10 - 7 尾迹涡特征随侧风角度的变化

(e)侧风角为 20°； (f)侧风角为 25°； (g)侧风角为 30°

由图 10 - 7 分析可知,叶尖涡涡量值随侧风角度的增大发生显著的变化。为分析不同方位角时叶尖形变量与叶尖涡涡量值间的关联性,标识 3 支叶片的编号及分析点位置,其中,θ 为叶片旋转方位角(见图 10 - 8)。将偏斜后的流场划分为上游(方位角 0°~180°,远离尾迹区)与下游(方位角 180°~360°,深入尾迹区)两个区域。

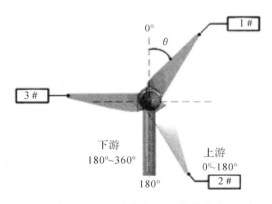

图 10 - 8 叶片标识及方位角定义

10.3.2 叶尖形变与叶尖涡涡量值间的关联性分析

1号叶片叶尖在风速 8 m/s 和 9 m/s,方位角分别为 90° 和 270° 时,叶尖 X 向形变和叶尖涡涡量值随侧风角度的变化分别如图 10-9、图 10-10 所示。

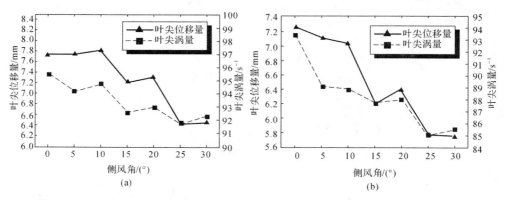

图 10-9 来流风速为 8 m/s 时,叶尖 X 向形变和叶尖涡涡量值随侧风角度的变化
(a)方位角为 90°; (b)方位角为 270°

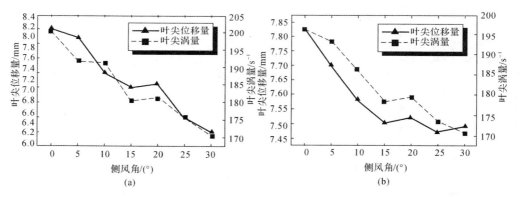

图 10-10 来流风速为 9 m/s 时,叶尖 X 向形变和叶尖涡涡量值随侧风角度的变化
(a)方位角为 90°; (b)方位角为 270°

对比图 10-9、图 10-10 可知,风速为 9 m/s 时叶尖涡和叶尖 X 向形变与风速为 8 m/s 时的变化趋势相似。进一步分析可知,在 0°~25° 范围内,随侧风角增加,叶尖 X 向形变量与叶尖涡涡量值呈现相同的变化趋势,即叶尖形变与叶尖涡涡量值间存在密切的内在关联性。其内在关联机理为:随侧风角增大,来流风载减小,叶尖形变随之减小;同理,来流风载的减小,促使叶片吸力面与压力面间的压差值减小,进而导致叶尖涡涡量值随之减小。来流风载荷的变化是叶尖

形变与叶尖涡涡量值实现同趋势变化的内在关联诱因。然而,如果依上述理论,叶尖形变和叶尖涡涡量值间的变化特征应近似成线性,即在图 10-9、图 10-10 的各分图中,不同侧风角所对应的两个数据点的差值应相等或随侧风角的变化呈线性规律变化,然而实际计算结果却与这一理论违背。进一步分析其原因为如下:叶尖涡涡量值不仅受来流风载变化的单一因素影响,叶片形变也将改变叶片吸力面与压力面间的压差值,叶片形变也会在一定程度上改变叶尖涡涡量值的大小。因此,叶尖形变与叶尖涡涡量值间的变化规律呈非线性特征。

由图 10-9、图 10-10 的分析可知,唯一不符合上述结论的是当侧风角为 30°,叶片处于 270°方位时。这是因为此时叶片展向与来流风向的夹角已远远偏离不侧风时的 90°夹角,夹角的变小严重影响到叶尖涡的生成和涡量值。所以,在该工况时破坏了上述规律性,即在大的侧风角下,上述规律受到挑战。

10.4 小 结

本章建立了叶片形变与尾迹流场间的关联性分析方法,并通过分析示例揭示:侧风角对叶尖形变与叶尖涡涡量值均存在显著影响。叶尖形变与叶尖涡涡量值间存在密切的内在关联性,来流风载是两者变化趋势相同的内在关联驱动诱因。但是,叶尖涡涡量值不仅受来流风载变化的单一因素影响,叶片形变也将改变叶片吸力面与压力面间的压差值,即叶片形变也会在一定程度上改变叶尖涡涡量值的大小。因此,叶尖形变与叶尖涡涡量值间的变化规律呈非线性特征。

第 11 章 叶片振动与尾迹流场脉动间的关联性分析方法

11.1 导　　读

  风力机叶片的流固耦合问题,是现今风电产业发展中的关键瓶颈问题,也是近年来被高度关注的热点问题和难点问题。该问题的研究起点可以追溯至19世纪70年代,人们对于流固耦合现象的早期认识源于叶片的气动弹性,气动弹性是研究气动力对固体的作用以及固体对流场的反作用的一门科学,其核心内容就是气流激振问题。弹性体的叶片在气动力作用下形成气弹耦合振动,当叶片在振动过程中从气流中吸收的能量大于阻尼功时,振动加剧,进而诱发颤振,也就是通常所说的失速颤振。失速颤振发生时,剧烈的振动会使叶片在短时间内发生裂断,后果极为严重。

  叶片流固耦合问题被重点关注和着力研究发生在近15年中,是随着风力机叶片的不断大型化而逐步被重视的科学问题。通过各国研究人员的不断努力,虽取得了较丰富的研究成果,但仍突显出明显的研究短板,具体如下:

  短板一是研究的实现方法单一,受限于流固耦合适应性测试新方法开发的滞后,所见研究报道大多依赖于数值仿真的方式开展。这一研究现状导致的直接后果是,所获结论的可靠性往往只能获得部分实验数据的佐证,缺乏完整实验数据的支撑,故导致很多研究成果往往只停留在理论阶段,难以实现其在实际生产的应用。

  短板二是研究的成果方向单一,所见研究报道的共同特点是专注于流体载荷对叶片结构响应的影响,忽视了叶片振动行为对尾迹流场影响的敏感性和规律性,即所见研究成果实质上大多为单向流固耦合分析方面的结论。这一研究现状导致的直接后果是,流场对叶片结构场影响方面的研究成果较为丰富,较好地帮助了单向流固耦合解耦合方法的开发。然而,叶片结构场对流场影响方面的报道却相当稀缺,极大地限制了双向流固耦合问题有效解耦合方法的开发,须知,单向流固耦合只是真实流固耦合问题的简易分析方法,双向流固耦合才能更加真实地反映叶片真实运行中的流固耦合问题,并为流固耦合现象的有效控制提供更为准确的基础数据和分析方法。

叶片流固耦合问题的全面解析亟待流固耦合测试新方法的开发,特别是在不影响叶片结构场特征和流场特征的前提下,叶片振动参数有效实验获取方法的开发。另外,亟待补充叶片振动行为对尾迹流场特征影响方面的研究成果,以有效推动风力机叶片双向流固耦合精确解耦合方法的开发。

相关研究发展至今,仍未见通过实验方法直接证明叶片振动行为对流场脉动存在显著影响的研究报道,叶片不同类型振动对流场脉动强度影响的敏感性仍不清楚,叶片振动参数和流场脉动参数随工况变化的规律性和差异性仍未获得诠释,这些问题是十分值得关注且亟待解决的问题,相关问题的解答对风力机叶片流固耦合精确解耦方法的建立具有十分重要的意义,值得深入探究。基于这样的研究背景,本章以试验测试为手段开展了叶片振动与尾迹流场脉动间的关联性分析。

11.2　研　究　方　法

探索叶片振动行为对流场脉动影响方面的研究,需要首先选定典型的叶片振动参数与流场脉动参数开展相关分析。理论上分析可知,叶片振动频率应与其诱发的流场脉动频率具有相同的频率特征,为此,可以频率值为纽带,针对叶片振动频谱与流场脉动频谱开展特征频率的相关性对比分析,以此检验叶片振动行为是否对流场脉动存在影响。在此基础上,解析叶片各类典型振型振动强度的差异性,及其对流场脉动影响的敏感性。最后,探究叶片振动参数和流场脉动参数随工况变化的规律性和差异性。而要实现这一总体研究方案,须具备以下几个条件:

(1)在不影响叶片结构特征和尾迹流场特征的前提下,实现叶片动态振动频率(以下简称动频)值的有效获取。

这一方法在本书前面章节已有详细说明,在此不再赘述。

(2)在流场参数未被严重干扰之前,实现流场脉动频率值的有效获取。

叶尖涡、附着涡和中心涡是尾迹流场最为典型的脉动特征,因此,择选其中之一开展其与叶片振动行为的关联性研究最为合适。然而,附着涡和中心涡生成于叶片旋转的覆盖区域内,受叶片的旋转效应影响严重,难以保持其脱离叶片时的频率特征,更为重要的是,现今已开发的流场监测设备中,PIV 装置最合适涡系的监测,然而,由于叶片对光的反射作用,PIV 装置并不能对附着涡和中心涡实现很好的监测。只有叶尖涡在脱离叶片后会形成独立发展的涡系,不易被叶片旋转而严重干扰,且易被 PIV 装置监测。同时,考虑到叶尖涡在向下游的扩散中会不断受到周围流场的拉伸和压缩效应,其被叶片干扰所产生的脉动特征会逐渐衰弱,测试中可选择叶尖涡脱离叶片后形成的第一个完整独立涡旋进行能量谱分析,获取其脉动频率及各频率所对应的能量分配。

(3)建立叶片振动参数和尾迹流场参数同步监测系统。

为此,构建风力机多场参数同步监测系统,这一部分内容在本书前面章节已有详细介绍,在此不再赘述。

11.3 测试对象和测试系统

11.3.1 测试对象

测试对象为小型水平轴风力机叶片,风轮由三叶片组成,直径为 1.4m,叶片如图 11-1 所示。

图 11-1 被测叶片

11.3.2 流场信号监测

流场信号监测由德国 LaVision GmbH 公司研发的二维高频 TR-PIV 装置完成,其系统组成如图 11-2 所示。

控制电脑　　　　信号采集器　　　　　高频相机　　　激光发生器

图 11-2 TR-PIV 装置

11.3.3 叶片振动信号监测

叶片振动信号由丹麦 B&K 公司研发的 PULSE 结构振动分析装置完成,设备组成如图 11-3 所示,该装置承担叶片模态测试和动态振动信号测试。

控制电脑   数据采集箱   数据采集卡   加速度计

图 11-3   PULSE 结构振动分析装置

11.3.4 发电机输出信号监测

发电机输出信号由德国 Fluke 公司研发的 Norma 5000 装置完成,如图 11-4
所示,该装置可实现电频率、电压、电流和电功率等多种发电机输出信号的实时
监测与分析。

控制电脑   Fluke Norma 5000   风力机

图 11-4   Fluke Norma 5000

11.3.5 风洞装置

试验在中国内蒙古自治区新能源试验示范基地的吹气式低速风洞开口实验
段前完成,如图 11-5 所示,该装置可提供 0~20 m/s 的均匀风速。

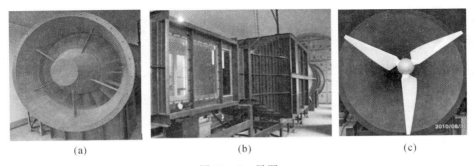

(a)   (b)   (c)

图 11-5   风洞

(a)入口段; (b)洞体; (c)实验段

11.4 测试结果的获取

11.4.1 叶尖涡区域流场脉动频谱的获得

以来流风速为 10 m/s、叶尖速比为 6 为例,叶尖涡的生成与扩散过程如图
11-6~图 11-8 所示。

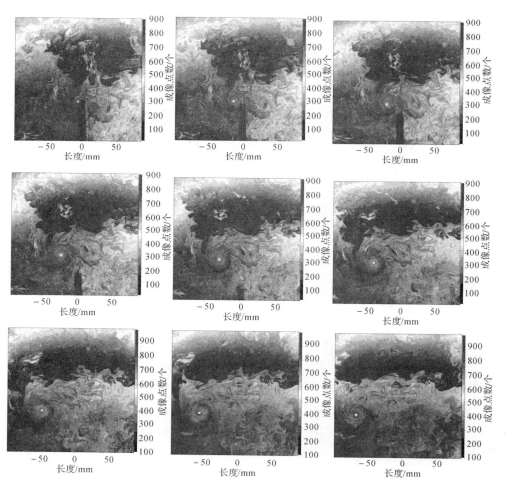

图 11-6 拍摄图

续图 11-6　拍摄图

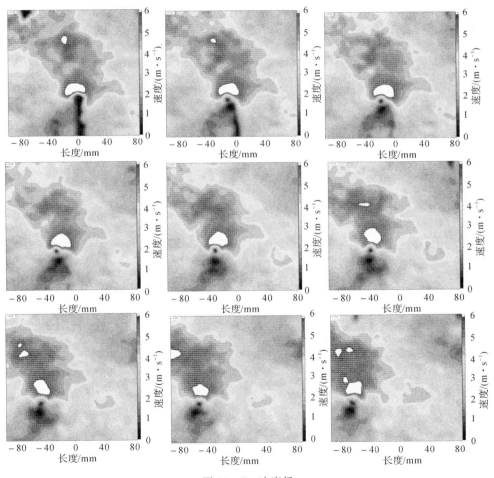

图 11-7　速度场

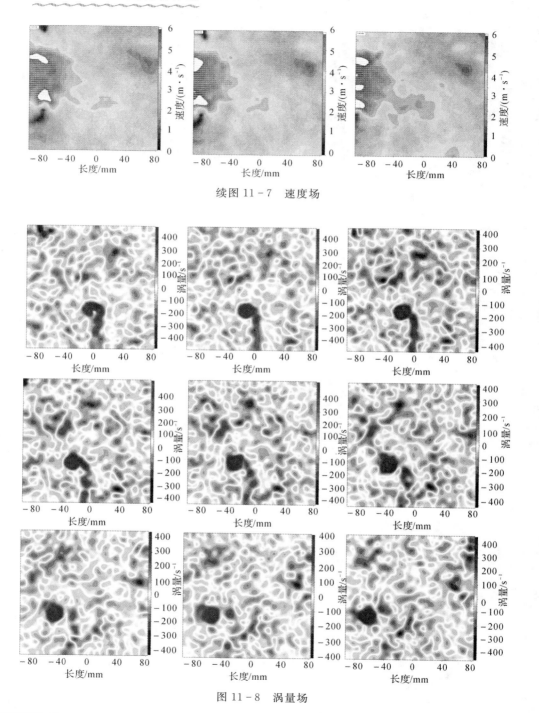

续图 11-7　速度场

图 11-8　涡量场

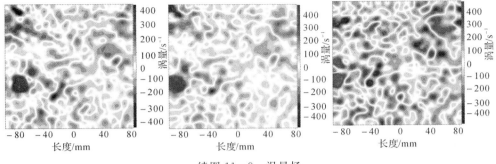

续图 11-8　涡量场

　　流场的脉动频谱须以流场中某一特征点为研究对象,考虑到叶尖涡区域最为明显的流场脉动是叶尖涡的生成与扩散,故应该选择某个叶尖涡的涡核心中心为研究对象。同时考虑到叶尖涡向下游传播的过程中受气动阻尼的影响,叶片振动对流场脉动影响的表现强度会逐渐减弱,不利于数据的识别,故应该以叶尖涡脱离叶片后的第一个可清晰拍摄的完整涡旋的涡核中心为数据提取点。

　　然而,测试过程中,叶片实际运行为非稳态工况,因此,叶尖涡生成时的涡核位置、涡半径和涡量值会有些许差异,即利用某一时刻的瞬态涡量云图进行相关分析的结论存在不确定性。基于此,本节采用 30 s 测试时长内叶尖涡的平均涡量云图开展相关分析,其原理是将 30 s 测试时长内所获的全部瞬态涡量云图进行平均,如图 11-9 所示,并选择平均涡量云图中叶尖涡涡核中心作为研究点进行流场脉动能量谱分析,仍以来流风速为 10 m/s、叶尖速比为 6 为例,所获流场脉动能量谱如图 11-10 所示。

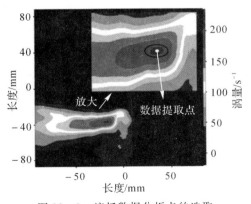

图 11-9　流场数据分析点的选取

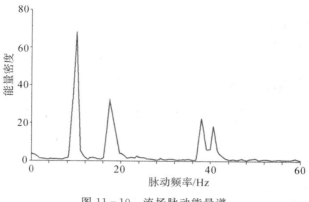

图 11 - 10　流场脉动能量谱

11.4.2　叶片动频值的获取

这一方法在本书前面章也已有详细说明,在此不再赘述。

11.5　测试结果与分析

11.5.1　叶片振动对叶尖涡区域流场脉动存在干扰的证实

叶片运行中的复合振动形式在对流场的扰动中,会基于叶片的各类典型振动对流场传递各自的扰动频率,因此流场脉动频率应与叶片振动频率间存在对应关系。特别是,叶尖涡向下游传播中,不会像中心涡或者附着涡一样因为受到叶片旋转或发电机阻碍而丢失叶片对其扰动的特征。因此,叶尖涡向下游传播过程中更容易保持叶片对其扰动的频率特征,特别是刚刚从叶片脱落的第一个独立扩散叶尖涡,由于还未向下游充分传播和扩展,受到尾迹流场的拉伸和压缩效应很小,可较好地保留叶片振动对其的干扰频率特征。

考虑到本节所用叶片动频值间接测试和识别方法的适应性只对叶片 2 阶以下典型振型较为敏感,因此本节只针对叶片轴向窜动、圆盘效应、1 阶反对称振动和 1 阶对称振动 4 类低频振型开展其对流场脉动的影响的研究。

以来流风速为 10 m/s、叶尖速比为 6 时为例,将叶片动态振动频谱与叶尖涡区域流场脉能量频谱进行典型峰值对比分析,如图 11 - 11 所示。

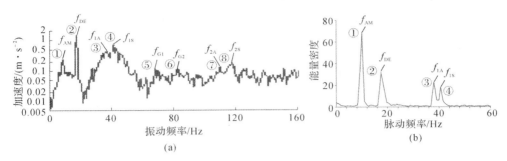

图 11 - 11　叶片动态振动频谱与流场脉动频谱对比

(a)叶片动态振动频谱；　(b)叶尖涡区域流场脉动频谱

由图 11 - 11 分析可知,图(a)和图(b)中数据曲线典型峰值所对应的频率值具有很好的一致性,由此证实叶片振动能量确实传输到了流场中,叶片振动行为引起了显著的叶尖涡区域流场脉动。依据同样的方法,获取叶尖速比为 4～6 时两类频率对照值见表 11 - 1。

由表 11 - 1 可知,不同叶片转速下,叶片典型振型动频值与流场脉动频率值间均存在很好的一致性,多工况条件下的重复性测量也证实了叶片振动与叶尖涡区域流场脉动间密切的关联性。

表 11 - 1　叶片 1 阶以下典型振型动频值与流场脉动频率值对照

λ	振动型式	f_{AM}/Hz	f_D/Hz	f_{DE}/Hz	f_D/Hz	f_{1A}/Hz	f_D/Hz	f_{1S}/Hz	f_D/Hz
4.0	振动频谱	10.0	0.0	16.0	0.0	29.2	0.0	31.4	-0.1
	脉动频谱	10.0		16.0		29.2		31.3	
4.5	振动频谱	10.0	0.0	16.3	-0.1	32.0	0.1	34.2	0.0
	脉动频谱	10.0		16.2		32.1		34.2	
5.0	振动频谱	10.0	0.0	16.7	0.0	34.3	0.2	36.7	0.1
	脉动频谱	10.0		16.7		34.5		36.8	
5.5	振动频谱	10.0	0.0	17.0	0.1	36.3	0.0	38.8	-0.1
	脉动频谱	10.0		17.1		36.3		38.7	
6.0	振动频谱	10.0	0.0	17.4	0.1	37.9	0.1	40.6	0.0
	脉动频谱	10.0		17.5		38.0		40.6	

注:f_D 表示同一工况时 f_f 与 f_v 间的差值;λ 表示叶尖速比。

由表 11-1 中数据可知,同一工况时,叶尖涡区域流场脉动频率值与叶片动频值间的最大差值为 0.2 Hz。在试验数据获取中,高频 PIV 设备数据识别的分辨率为 0.1 Hz,PULSE 设备数据识别的分辨率为 0.125 Hz,因此测试过程中数据识别的最大误差为 0.225 Hz,大于 $|f_D|_{max} = 0.2$ Hz,由此也进一步证实了试验过程中数据获取的可靠性。

11.5.2　叶片振动对叶尖涡区域流场脉动影响的敏感性

为了分析叶片各类低频振动对叶尖涡区域流场脉动强度影响的敏感性,提取不同工况下叶片低频振型的振动幅值和叶尖涡区域流场的脉动幅值分别见表 11-2、表 11-3。

表 11-2　叶片低频振型的振动幅值

λ	$S_{AM}/(\text{m} \cdot \text{s}^{-2})$	$S_{DE}/(\text{m} \cdot \text{s}^{-2})$	$S_{1A}/(\text{m} \cdot \text{s}^{-2})$	$S_{1S}/(\text{m} \cdot \text{s}^{-2})$
4.0	0.186	1.485	0.667	0.882
4.5	0.184	1.466	0.632	0.846
5.0	0.183	1.449	0.594	0.807
5.5	0.182	1.429	0.550	0.760
6.0	0.180	1.414	0.500	0.707

注:S_{AM},S_{DE},S_{1A} 和 S_{1S} 分别表示轴向窜动、圆盘效应、1 阶反对称振动和 1 阶对称振动所对应的振动幅值。

表 11-3　叶尖涡区域流场的脉动幅值

λ	P_{AM}	P_{DE}	P_{1A}	P_{1S}
4.0	70.3	33.8	28.3	22.0
4.5	69.9	33.4	27.4	21.5
5.0	69.3	33.1	26.2	20.7
5.5	68.9	32.8	24.7	19.7
6.0	68.3	32.4	22.7	18.5

注:P_{AM},P_{DE},P_{1A} 和 P_{1S} 分别表示轴向窜动、圆盘效应、1 阶反对称和 1 阶对称振动所引起的叶尖涡区域流场脉动幅值。

由经典力学公式 $F = ma$ 可知,叶片旋转过程中质量不发生变化,振动加速度值实际上反映了叶片各类振型振动作用力的强弱。为进一步深入分析叶片各类低频振动引起相应叶尖涡区域流场脉动强度的敏感性,定义叶片振动强度占比 I_v 和由叶片振动引起的流场脉动强度占比 I_f 如下:

$$I_{v,i} = \frac{a_{v,i}}{\sum\limits_{i=1}^{4} a_{v,i}} \times 100\% \tag{11-1}$$

$$I_{f,i} = \frac{b_{f,i}}{\sum\limits_{i=1}^{4} b_{f,i}} \times 100\% \tag{11-2}$$

叶片低频振动对叶尖涡区域流场脉动强度影响的敏感性如图 11-12 所示。

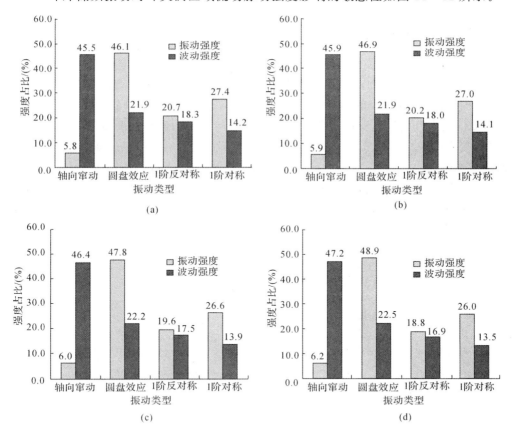

图 11-12　叶片振动对叶尖涡区域流场脉动强度影响的敏感性

(a)叶尖速比为 4.0 时;　(b)叶尖速比为 4.5 时;　(c)叶尖速比为 5.0 时;　(d)叶尖速比为 5.5 时

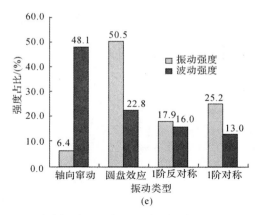

续图 11-12　叶片振动对叶尖涡区域流场脉动强度影响的敏感性

(e)叶尖速比为 6 时

由图 11-12 可知,叶片 4 类低频振型中,就振动强度而言,呈现:圆盘效应>1 阶对称振动>1 阶反对称振动>轴向窜动的明显规律性。不同叶尖速比时,圆盘效应的振动强度占比保持在 50% 左右。轴向窜动的振动强度占比最小,保持在 6% 左右。由图 11-12 可知,叶片旋转状态下,1 阶对称振动的强度大于 1 阶反对称振动强度,这与叶片静模态测试结果恰好相反。同时,由图 11-13 可知,叶片 1 阶两类振动强度占比的差值随叶尖速比的增加而缓慢增加,且增加的速率呈先增大后减小的规律。

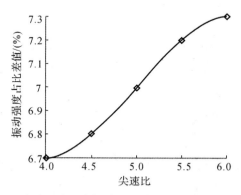

图 11-13　叶片 1 阶两类振动强度占比差值随叶尖速比的变化

由图 11-12 分析亦可知,叶片 1 阶以下 4 类低频振型对流场的干扰中,就波动强度而言,呈现:轴向窜动>圆盘效应>1 阶反对称>1 阶对称的明显规律性,且不同叶尖速比时,轴向窜动对流场干扰强度的占比保持在 45% 以上,占明显优势,且该占比随叶尖速比的增加而增大。这一结论揭示,并不是叶片的振动强度越大,对叶尖涡区域流场的扰动强度就越大,这不仅与叶片各类振型的振动形式有关,也与叶尖涡生成和传播的机理有关。

叶片4类低频振型振动强度占比随叶尖速比变化的规律如图11-14所示。

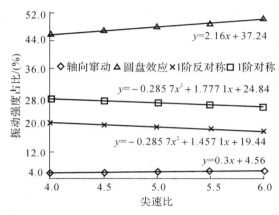

图 11-14　低频振动强度占比随叶尖速比的变化

由图11-14可知,轴向窜动和圆盘效应振动强度占比随叶尖速比的增加呈线性增大,1阶反对称振动和1阶对称振动强度占比随叶尖速比的增加却以二次方曲线形式逐渐减小。这说明,当风速相同时,随着叶片尖速比的增大,圆盘效应和轴向窜动所触发振动作用力在四类振动作用力总和中所占的显著度逐渐增大,1阶反对称振动和1阶对称振动则逐渐减小。同时,由图11-15中数据可知,圆盘效应振动强度占比随叶尖速比变化的响应速率最快;1阶反对称振动和1阶对称振动强度占比随叶尖速比变化的响应速度相对较差,且二者变化速率基本保持同步;轴向窜动振动强度占比随叶尖速比变化的速率最小。

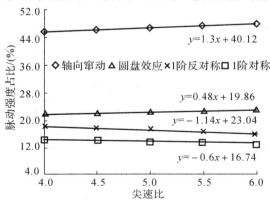

图 11-15　低频振动对流场扰动强度占比随叶尖速比的变化

叶片 4 类低频振型对叶尖涡区域流场扰动强度占比随叶尖速比变化的规律如图 11-16 所示。

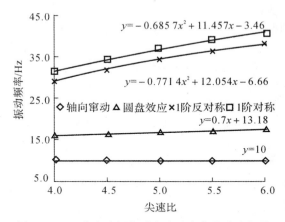

$y = -0.685\,7x^2 + 11.457x - 3.46$

$y = -0.771\,4x^2 + 12.054x - 6.66$

◇轴向窜动 △圆盘效应 ×1阶反对称 □1阶对称

$y = 0.7x + 13.18$

$y = 10$

图 11-16　叶片动频值随尖速比变化的响应规律

由图 11-16 分析可知,轴向窜动和圆盘效应对叶尖涡区域流场扰动强度的占比随叶尖速比的增加而增大,1 阶反对称振动和 1 阶对称振动对叶尖涡区域流场扰动强度的占比随叶尖速比的增加而减小,这与叶片各类低频振型振动强度占比随叶尖速比变化的规律相似。所不同的是,轴向窜动对叶尖涡区域流场扰动强度的占比随叶尖速比变化的速率最快,圆盘效应对叶尖涡区域流场扰动强度的占比随叶尖速比变化的速率最慢,且 1 阶反对称振动和 1 阶对称振动对叶尖涡区域流场扰动强度的占比随叶尖速比变化的速率不再保持同步,而是 1 阶反对称振动对流场扰动强度占比的表现更为敏感。

11.5.3　叶片动频值和叶尖涡区域流场脉动频率值随叶尖速比变化的响应规律

叶片各类低频振型动频值随叶尖速比变化的响应规律如图 11-17 所示,由图中数据可知,随叶尖速比的增加,轴向窜动的动频值并不发生变化,圆盘效应的动频值呈缓慢的线性变化。1 阶反对称振动和 1 阶对称振动的动频值随叶尖速比变化的响应速率相对较快,并呈明显的二次方曲线规律。由此,也导致叶尖涡区域流场脉动频率值随叶尖速比的变化呈相同的响应规律,如图 11-17 所示。

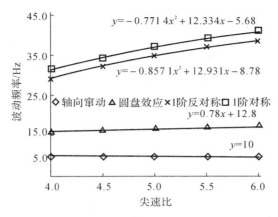

图 11 - 17　流场脉动频率随尖速比变化的响应规律

11.5.4　叶片低频振型振动强度和叶尖涡区域流场脉动强度随叶尖速比变化的响应规律

为了进一步分析叶片各类低频振型振动强度和叶尖涡区域流场脉动强度随叶尖速比变化的敏感性,定义叶片各类低频振型振动强度的增幅 ϕ_v 和由叶片振动所引起的叶尖涡区域流场脉动强度的增幅 ϕ_f 分别如下:

$$\phi_{v,i,j} = \frac{a_{i,j} - a_{i,4}}{a_{i,4}} \times 100\% \qquad (11-3)$$

$$\phi_{f,i,j} = \frac{b_{i,j} - b_{i,4}}{b_{i,4}} \times 100\% \qquad (11-4)$$

式中,i 表示叶片振动类型,i 的取值为1,2,3,4,其中1表示轴向窜动,2表示圆盘效应,3表示1阶反对称振动,4表示1阶对称振动;j 表示叶尖速比,j 的取值为4,4.5,5,5.5,6;a 表示振动加速度值;b 表示流场脉动幅值。

$\phi_{v,i}$ 随叶尖速比的变化如图 11-18 所示,由图中数据分析可知,$\phi_{v,i}(i=1,2,3,4)$ 均随叶尖速比的增大而减小,但减少的规律却存在明显的差异性,即 $\phi_{v,1}$ 和 $\phi_{v,2}$ 随叶尖速比增大成线性减小,$\phi_{v,3}$ 和 $\phi_{v,4}$ 随叶尖速比增大成二次方曲线减小,且从由线走势可以发现,各类振型振动强度增幅随叶尖速比变化的敏感性由强到弱的次序为1阶反对称振动＞1阶对称振动＞圆盘效应振动＞轴向窜动振动。

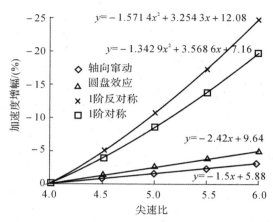

图 11-18　低频振型振动强度增幅随尖速比的变化

叶片振动所触发的流场相应脉动强度增幅随叶尖速比变化的响应规律如图 11-19 所示，由图中数据分析可知，$\phi_{f,i}$ 随叶尖速比的变化虽然与 $\phi_{v,i}$ 呈现相同的规律性，但却也存在明显的差异性，即流场各类脉动强度增幅随尖速比的变化明显弱于叶片各类振型振动强度增幅随尖速比的变化。

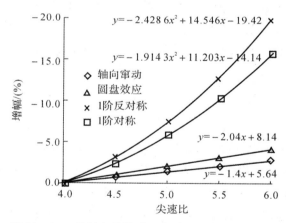

图 11-19　流场各类脉动强度增幅随尖速比的变化

11.6　小　　结

经过 30 多年的探索，入流对叶片结构影响方面的研究得到了很好的发展，然而，叶片结构对流场影响方面的研究却很滞后，特别是，受限于测试新方法开发的滞后,相关实验研究仍相当稀缺,这在很大程度上制约了人们对双向流固耦合问题的深入认识和有效解耦方法的开发。

　　针对这一问题,本章建立了叶片振动与尾迹流场脉动间的关联性分析方法,通过示例证实了叶片振动与流场脉动间密切的关联性,并揭示了不同类型的振动行为对流场脉动影响的差异性及其随工况变化的规律性。相关成果的获得对于人们更加深入地了解叶片的双向流固耦合机理具有重要的意义。

第12章 外界激励对叶片振动影响敏感性的分析方法

12.1 导　　读

  风电叶片运行工况下的振动行为,大多为受迫振动,因此,解析外界激励对叶片各类振动行为影响的敏感性是值得关注的科学问题,该问题是开展叶片运行安全性分析的基础问题。气动力和离心力是叶片运行中的主要激振力,建立两者对叶片不同振动行为影响敏感性的分析方法,是风电产业发展中一直关注的热点问题。本章即针对这一问题开展示例性分析。

12.2 数　值　计　算

12.2.1 研究对象

  风力机模型如图 12-1 所示,其中风轮直径为 1.4 m,叶片材质为木质。

图 12-1　风力机模型

12.2.2　气动力方程及求解

气动力是气流流过各叶素面的微元力总和：

$$D = \int_A \delta D = \int_A \frac{1}{2} C_d \rho u^2 cr \, dr \tag{12-1}$$

$$L = \int_A \delta L = \int_A \frac{1}{2} C_l \rho u^2 cr \, dr \tag{12-2}$$

式中，D，L 分别为叶片表面阻力、升力；C_d，C_l 分别为阻力系数、升力系数；ρ，u 分别为空气密度及来流风速；c，r 分别为叶片平均弦长、叶素半径。

计算采用稳态算法，考虑到湍流剪切应力的影响，应用 SST(Shear Stress Transport)方程进行求解，进口边界采用速度入口，出口边界采用压力出口，相对压力为 0，风轮旋转区域采用滑移网格，静止壁面满足无滑移条件。数值计算中应用能量方程、动量方程、连续方程和 SST 方程进行耦合求解。

12.2.3　结构动力学方程及求解

根据风轮几何参数，运用有限元方法构建离散化方程，运动方程为

$$[M]\ddot{a} + [C]\dot{a} + [K]a = [N] \tag{12-3}$$

式中，$[M]$，$[C]$，$[K]$ 分别为系统质量矩阵、系统阻尼矩阵、系统刚度矩阵；$[N]$ 为在变载荷作用下的外界激励，如离心力、气动力等；$\ddot{a}$，$\dot{a}$，a 分别为叶片有限元结点的加速度、速度、位移矢量。

$[N] = 0$ 时，由于外界系统对测量系统激励为 0，方程有非零解，叶片处于自由振动状态，此时方程反映了风轮本身的固有特性 —— 风轮固有频率及振型。若不计阻尼作用，求解方程特征为

$$([K] - \omega^2[M])\boldsymbol{\Phi} = \boldsymbol{0} \tag{12-4}$$

进而得到结构振型矩阵 $\boldsymbol{\Phi} = [\boldsymbol{\Phi}_1 \quad \boldsymbol{\Phi}_2 \quad \boldsymbol{\Phi}_i]$，固有角频率 $\omega_i = \sqrt{K_i/M_i}$，$n = 1, 2, \cdots, i$。

$[N] = [F]$ 时，外界激励为气动力。$[N] = [Q]$ 时，外界激励为离心力，离心力矩阵方程为

$$[Q] = [M]r\Omega^2 \tag{12-5}$$

式中，$[Q]$ 为离心力矩阵；$[M]$ 为质量矩阵；Ω 为叶片旋转角速度。

给定约束条件后，在不同工况下，导入前期计算获得的气动场数据，并添加离心力参数，进行结构动力学方程求解，进而得到风轮的动态响应，如振型和频率等参数。

12.3 计算结果及分析

以叶尖转速为 40 m/s,来流风速为 7 m/s 时为例,计算模态振型如图 12-2 所示,各分图中风轮周围的黑色线条为风轮处于静态时的位置面。分析可知,风轮运行时,除了常规被关注的 1,2 阶振动,还有轴向窜动效应和圆盘效应两种典型振动方式,应予以深入研究。

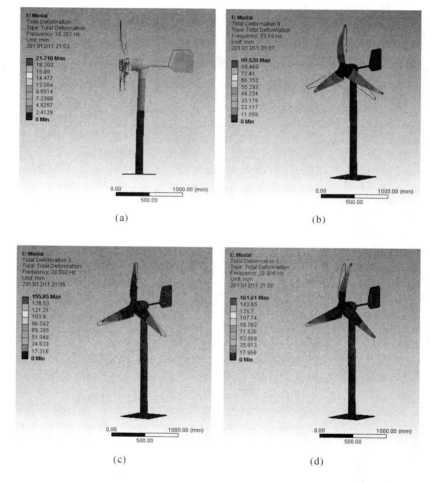

图 12-2 振型图

(a)轴向窜动; (b)圆盘效应; (c)1 阶反对称; (d)1 阶对称

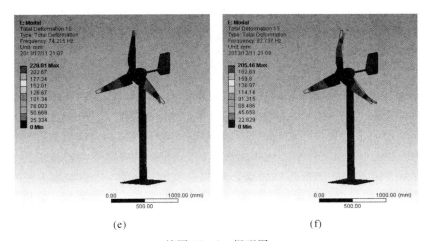

(e)　　　　　　　　　　　　　　　(f)

续图 12-2　振型图

(e)2 阶反对称；　(f)2 阶对称

12.3.1　轴向窜动效应

依气动载荷对风轮作用方式不同,分两个算例进行对比分析。算例一:风轮叶尖转速保持 40 m/s,来流风速分别为 5,6,…,10 m/s;算例二:来流风速保持 8 m/s,尖速比分别为 4,5,…,8。计算结果分别见表 12-1、表 12-2。

表 12-1　轴向窜动振动频率随风速的变化　　　　　　　　单位:Hz

载荷方式	振动频率					
	风速/(m·s⁻¹)					
	5	6	7	8	9	10
气动力	12.27	12.26	12.25	12.24	12.22	12.18
气动力和离心力	12.26	12.25	12.24	12.23	12.21	12.17

表 12-2　轴向窜动振动频率随尖速比的变化　　　　　　　　单位:Hz

载荷方式	振动频率				
	尖速比				
	4	5	6	7	8
气动力	12.24	12.24	12.24	12.24	12.24
离心力	12.29	12.28	12.20	12.26	12.25
气动力和离心力	12.23	12.23	12.23	12.23	12.22

由图 12-2 可知,风轮轴向窜动效应的触发是由于塔架的弹性。同时,通过表 12-1、表 12-2 中数据对比分析可知,不同工况下随气动载荷和离心力的变化,风轮轴向窜动的振动频率基本不变,这也佐证了该振动的成因是塔架的弹性。

轴向窜动效应易在低频时被触发,振动发生时叶根处产生往复剪切力,易造成对叶片根部和发电机主轴的力冲击,进而产生疲劳损伤,故该振动应作为风力机设计中的重点关注问题。本章研究对象虽为小型水平轴风力机,但对于大、中型风力机,风轮轴向窜动的作用原理相同,故该振动可能会为很多风力机在远短于设计寿命期内频繁发生疲劳损伤事故提供新的解释,特别如风力机叶根的损伤和断裂、非直驱式风力机变速箱齿轮严重磨损和直驱式风力发电机主轴变形等一些一直以来困扰学界的问题。

12.3.2 圆盘效应

同样依上述两个算例进行风轮圆盘效应振动的分析,模态计算结果分别如图 12-3、图 12-4 所示。

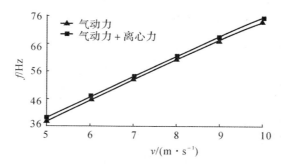

图 12-3　圆盘效应振动频率随风速的变化

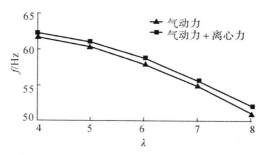

图 12-4　圆盘效应振动频率随尖速比的变化

综合图 12-3、图 12-4 中数据变化分析可知,只施加气动载荷的情况下,圆盘效应振动频率随气动载荷的变化具有很强的敏感性;而当同时考虑气动力和离心力时,圆盘效应的振动频率却并未发生较大幅度的变化,即离心力对圆盘效应振动频率的影响不大,且近似成线性。

为深入分析气动载荷对圆盘效应振动频率的影响机理,将垂直作用于叶片表面的气动载荷转换为轴向力和周向力两个分力,具体如图 12-5、图 12-6 所示。

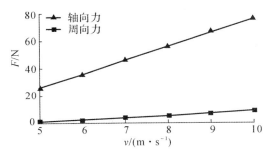

图 12-5　风轮气动力随风速的变化

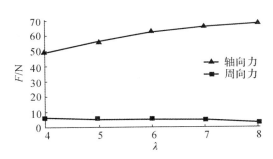

图 12-6　风轮气动力随尖速比的变化

分析图 12-5、图 12-6 中风轮受力可以发现,轴向力均发生了较大幅度的增长,而这与图 12-3、图 12-4 中风轮振动频率变化趋势却截然相反,故可以排除轴向力对圆盘效应振动频率有影响的可能。图 12-5 中周向力随风速的增大近似成线性增长,与图 12-3 中风轮圆盘效应振动频率随风速的增大近似成线性增长的规律相符;图 12-6 中周向力随风轮尖速比的增大近似二次方曲线减小,与图 12-4 中风轮圆盘效应振动频率的增大随尖速比的增大近似成二次方曲线减小的规律相符。由此得出结论,圆盘效应振动频率的变化主要取决于风轮所受周向力的影响。

由上述结论,气力载荷是风轮圆盘效应振动频率变化的主要影响因素。由此推断该振动产生的诱因应该为风轮叶片同一时刻气动载荷的不对称。为此，调用任一时刻风轮叶片迎风面的压力如图 12-7 所示。图 12-7 清晰地显示出该时刻风轮三个叶片迎风面叶尖压力的差异。

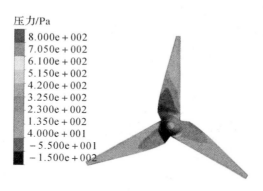

压力/Pa

8.000e + 002
7.050e + 002
6.100e + 002
5.150e + 002
4.200e + 002
3.250e + 002
2.300e + 002
1.350e + 002
4.000e + 001
- 5.500e + 001
- 1.500e + 002

图 12-7　叶片迎风面压力图

12.4　小　　结

本章以气动力和离心力对叶片轴向窜动和圆盘效应振动影响的敏感性为例，建立了相应的数值计算与分析方法。研究示例同时揭示：轴向窜动效应的产生源于塔架的弹性，圆盘效应的产生源于同一时刻风轮叶片表面所受气动力的不对称性；气动载荷和离心力对轴向窜动效应振动频率基本没有影响；气动载荷中的周向力是导致圆盘效应振动频率发生变化的主要诱因，轴向力则对其振动频率的变化没有影响，离心力对该振动频率的影响不大，且近似成线性。

第13章 风轮模态参数的修改方法

13.1 导　读

　　风轮的模态参数是风力机设计中的关键参数,其修改方法也一直是风电产业发展中关注的热点问题。一般而言,风轮由叶片、轮毂和螺栓等部件组成,其中任何一个部件的结构参数改变均会引起风轮模态参数的变化,但就影响程度而言,往往以叶片结构形式的改变所产生的影响最为显著。本章以某翼形风力机叶片为例,在其结构基础上开展了翼形加厚和沿叶展方向加肋开槽的结构修改,同时,针对轮毂结构,提出了利用双夹板替代法兰的叶片连接方式,进而探究三种结构修改方案对风轮模态参数的影响。

13.2 模 态 试 验

13.2.1　测试对象

测试对象如图13-1所示。

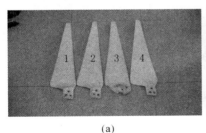
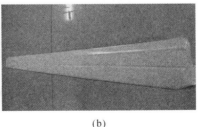

(a) (b)

图13-1　叶片实拍图

(a)叶片迎风面；(b)4号叶片背风面开槽和加肋

　　1号叶片,作为基础数据叶片,安装方式为法兰连接。

　　2号叶片,在1号叶片基础上实现翼形加厚,安装方式为法兰连接。

3号叶片,翼形与1号叶片相同,安装方式为双夹板连接。

4号叶片,在1号叶片基础上沿叶展方向开槽和加肋,安装方式为法兰连接。

各风轮均由三叶片组成,叶片材质为木质,叶片表面涂有玻璃钢材料。

13.2.2 测试设备、测试原理及测试方法

试验设备采用PULSE16.1结构振动分析系统,测试原理如图13-2所示。

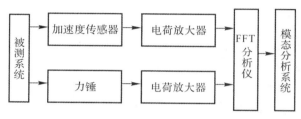

图13-2 测试原理

常用的风轮通过夹具安装后在平面上进行的模态测试方法,对风轮某些振动特性和相应模态参数的完整、准确获得存在较大的影响,测试结果可靠性相对较差。本章在风轮实际安装条件下,采用瞬态激振法,单点激励,多点响应,测试实况如图13-3所示。测试频宽设置0～400 Hz,激励点选为图13-4中的43号点,加速度传感器用蜂蜡黏在风轮对应部位。

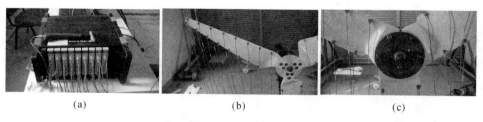

(a)   (b)   (c)

图13-3 测试实况

(a)力锤、数据采集卡; (b)法兰连接; (c)双夹板连接

13.2.3 数据分析

数据采用ME′scopeVESv5.1软件进行处理。软件中模型的建立及测点的对应分布如图13-4所示。以1号风轮为例,数据的拟合及对应振动参数的获得如图13-5所示。

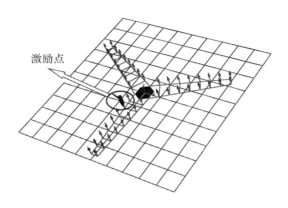

图 13 - 4　风轮模型及测点分布

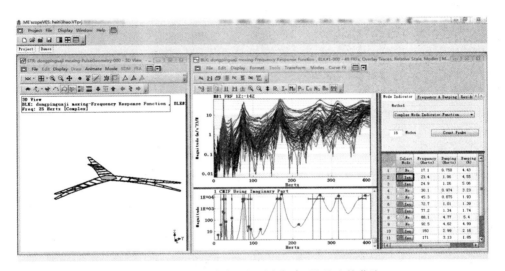

图 13 - 5　1 号风轮振型、固有频率、阻尼比的获取

13.3　测试结果及分析

13.3.1　结构改进方案对风轮各阶振动频率的影响

模态测试结果见表 13-1，其中 f_{1f} 为 1 阶反对称，f_{1d} 为 1 阶对称，f_{2f} 为 2 阶反对称，f_{2d} 为 2 阶对称，f_{3f} 为 3 阶反对称，f_{3d} 为 3 阶对称。

表 13-1   各风轮 3 阶以下固有振动频率

风轮序号	f_{1f}/Hz	f_{1d}/Hz	f_{2f}/Hz	f_{2d}/Hz	f_{3f}/Hz	f_{3d}/Hz
1	23.4	24.9	72.7	77.2	160.0	171.0
2	26.9	38.1	104.0	107.0	228.0	250.0
3	19.8	23.3	87.7	90.1	202.0	226.0
4	24.8	26.2	77.2	81.1	168.0	178.0

由前面所述,2～4 号风轮结构与 1 号风轮存在关联性,因而比较相关联风轮振动频率间的差异,即可获得相应结构改进方案对风轮各阶振动频率的影响。为此,对于同一类型振动,定义表 13-1 中 2～4 号风轮各振动频率相对于 1 号风轮同类型振动频率的增幅 α 为

$$\alpha_{i-1} = \frac{f_i - f_1}{f_1} \times 100\% \qquad (13-1)$$

式中,i 为风轮序号,α_{i-1} 为第 i 号风轮相对于 1 号风轮同一类型振动频率的增幅。三种风轮结构改进方案对风轮各阶振动频率的影响如图 13-6 所示。

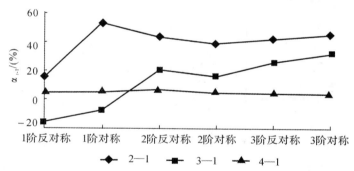

图 13-6   三种结构改进方案对风轮各阶振动频率的影响

由图 13-6 中线图规律可以发现,翼形加厚(即 2-1)对风轮 1～3 阶固有振动频率有显著的提升效应,至少在 15% 以上。依公式 $f = F(K/m)$ 可知,翼形加厚使风轮外形改变而引起的刚度 K 值变化进而对固有频率产生的影响要强于其使风轮质量增加而对固有频率产生的影响。由表 13-1 中数据发现,翼形加厚可使风轮同阶两种振动频率间的差值增大,即其拓宽了风轮的共振带,故在应用该种结构变化方案改进风轮气动特性或结构动力学特性时,应予以特别注意。

双夹板式叶片连接方式使风轮 1 阶振动频率下降,使 2,3 阶振动频率升高。分析原因为双夹板式连接方式使风轮系统整体质量增加,而 1 阶振动为弯振,该

种连接方式与法兰连接方式对叶片的弯振约束基本相同,但双夹板连接增大了风轮系统的质量,故使风轮 1 阶振动频率出现衰减;由于风轮 2 阶振动已表现出扭振的特点,3 阶振动会表现出强烈的扭振,双夹板式叶片连接方式较法兰连接起到更强的约束叶片发生扭振的效应,故风轮 2,3 阶振动频率升高,且扭振表现越强烈,该种结构改变对风轮振动频率的影响越大。同样由表 13-1 中数据发现,双夹板式连接方式使风轮同阶两种振动频率间的差值增大,即也拓宽了风轮的共振带。

叶片沿叶展方向开槽和加肋的结构改变方案也可在一定程度上提升风轮 1～3 阶振动频率,且其对各阶反对称振动频率的提升效果较同阶对称振动频率的提升效果显著。由表 13-1 中数据发现,沿叶展方向开槽和加肋的结构改变方案在提升风轮各阶固有振动频率的同时,同阶两种振动频率间的差值基本保持不变,即未使风轮的共振带拓宽。

13.3.2　结构改进方案对风轮各阶振动阻尼比的影响

模态测试结果如图 13-7 所示,其中 ζ 表示阻尼比。

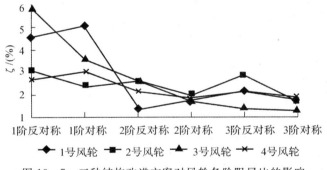

图 13-7　三种结构改进方案对风轮各阶阻尼比的影响

由图 13-7 分析可知,1 号风轮的 1 阶振动具有较大的阻尼比,即 1 阶振动发生时会造成较大的能量耗散。本章研究对象为小型水平轴风力机风轮,1 阶振动是最易被触发的振动形式,振动发生时较大的能量耗散对系统的稳定性和安全性十分不利。

翼形加厚和双夹板式叶片连接方式均可有效降低风轮 1 阶振动阻尼比,从而较大程度上降低振动发生时所造成的能量耗散,有效提升风轮运行的安全性和稳定性。研究同时发现,翼形加厚和双夹板式叶片连接方式可使风轮前三阶振动阻尼比呈较均匀稳定地下降,这对风轮振动的有效控制具有较重要价值。

沿叶展方向开槽和加肋虽造成风轮 1 阶反对称振动较大的阻尼比,但随振动阶数的升高,风轮阻尼比一直保持稳定的下降趋势,即该种结构改变方式可有效抑制风轮扭振所产生的能量耗散。

13.4 小 结

为了介绍分别基于翼形结构变化和轮毂结构变化的风轮模态参数修改方法,本章提出了翼形加厚、翼形沿翼展方向开槽和加肋、双夹板连接三种结构修改方法,通过示例揭示了:

(1)翼形加厚对风轮3阶以下固有振动频率的提升效应最为明显,1阶反对称振动频率提升15%,其余各类振动频率提升38%以上。但在提升振动频率的同时,该结构变化也拓宽了风轮各阶振动的共振带宽,故在应用该种结构变化方案改进风轮气动特性或结构动力学特性时,应予以特别注意。同时,翼形加厚可实现风轮前三阶振动阻尼比呈较均匀稳定地下降,这对于风轮振动能量耗散的减小及风轮振动的控制具有较重要的意义。

(2)双夹板式叶片连接方式对风轮1阶固有振动频率有明显的衰减作用,但却对风轮2,3阶振动频率有较强的提升作用,且随振动阶数的升高而增大。这是因为双夹板式叶片连接方式较法兰连接增加了风轮系统的质量,且该种结构方式与法兰连接对叶片弯振的限制基本相同,而对叶片扭振的限制却明显高于法兰连接。双夹板叶片连接方式在改变风轮振动频率的同时,也会产生使风轮各阶共振带宽加大的效应。同时,双夹板叶片连接方式也可实现风轮前三阶振动阻尼比较均匀稳定地下降,这对于风轮振动能量耗散的减小及风轮振动的控制具有较重要的意义。

(3)沿叶片方向开槽和加肋对风轮前三阶固有频率的提升效应相对较小,且其对各阶反对称振动频率的提升效果较同阶对称振动频率提升效果显著,但值得关注的是,该种结构改变在提升风轮振动频率的同时,并未使风轮各阶共振带宽发生明显增减。同时,该种结构改变虽使风轮1阶反对称振动阻尼比增大,但振动阶数的升高,可使阻尼比一直保持稳定的下降趋势,这对于风轮振动能量耗散的减小及风轮振动的控制具有较重要的意义。

第14章 叶片结构动力学参数的修改方法

14.1 导 读

叶片结构动力学参数的修改是风电叶片设计和性能优化中的重要课题,也是业界关注的难点和热点问题。其修改方法有机体结构参数修改和加装附件两类,机体结构修改一般为某个部件材质、结构和约束条件的修改,加装附件是在机体结构外安装附加部件,如叶尖小翼。

美国国家航天局的 Whitcomb 从鸟翅膀尖部的小翅得到启发,在飞机机翼的翼梢处安装了小翼片,使机翼的诱导阻力下降了 20%,燃油节省了 7%。

1976 年,荷兰代尔夫特理工大学的 Van Holten 首先提出了在风电机组叶尖处添加小翼的概念。随后,由荷兰代尔夫特理工大学与美国 Aero Vironment 公司共同启动了风电机组叶尖小翼的研究,其研发的 Aero Vironment 型小翼被应用于水平轴风电机组并成功提升了机组的输出功率。其后,Gyat G. W、Lissaman P. B. S 和 Yukimaru Shimizu 等先后证实了小翼可在一定范围内提升叶片的输出功率。然而,至今却未见基于叶尖小翼的叶片气动性能和结构动力学性能的同步优化研究。

本章以安装叶尖为例,在保障叶片气动性能不降低的前提下,开展叶片结构动力学参数的修改方法介绍。

14.2 小翼和叶片结构参数

通过前期的数值计算,笔者设计出了一种风力机专用叶尖小翼,其几何结构如图 14-1(a)所示,相关设计参数如下:前缘直边 $L=29.3$ mm,流线形斜边表示为 M,安装面折边 $B=34.7$ mm,圆弧设计角 $\alpha=45.2°$,圆弧半径 $R=20.4$ mm,过渡半径为 r_1 和 r_2,它们分别与圆弧 R 相切,前缘直边 L 和安装面折边 B 间的夹角 $\beta=47°$。由于小翼的斜边形似字母"M",故将该小翼定名为 M 形叶尖小翼,小翼实物模型采用铝合金材质制成,其在叶片上的安装效果如图 14-1(b)所示。

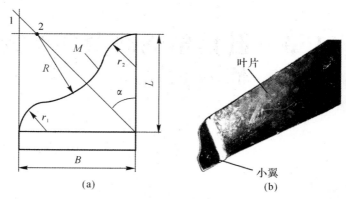

图 14-1　小翼结构及安装效果

(a)小翼的形状参数；　(b)小翼的安装

为了实测小翼对叶片性能的影响,本节中采用 SD2030 翼形进行叶片设计。所设计风轮由三支叶片组成,每支叶片的长度为 0.7 m,设计额定风速为 10 m/s。所设计叶片的结构如图 14-2 所示,相应结构参数见表 14-1。叶片实物模型的加工材质采用松木,叶面抛光并喷涂玻璃钢油漆。

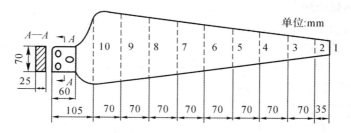

图 14-2　叶片结构

1~10—叶片的 10 个特征翼形面

表 14-1　叶片各特征翼形面结构参数

特征翼形面	弦长/mm	扭角/(°)
1	170.0	29.0
2	153.6	20.1
3	137.2	14.0
4	120.7	10.0

续 表

特征翼形面	弦长/mm	扭角/(°)
5	104.3	7.7
6	87.9	6.3
7	71.4	5.2
8	55.0	3.9
9	38.6	1.7
10	30.4	0.0

14.3　小翼对叶片做功能力的影响

14.3.1　测试系统和测试方法

采用实验的方法开展小翼对叶片做功能力的影响分析,测试在内蒙古自治区新能源实验示范基地的 B1/K2 型低速风洞的开口实验段前完成,测试系统如图 14-3 所示。测试中,叶片的旋转速度可以通过发电机输出电能的电频率除以电极对数间接获得。

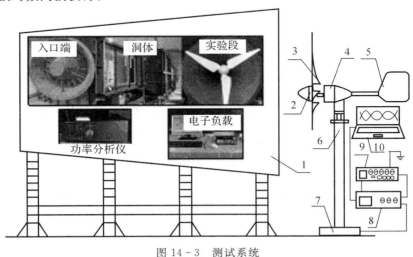

图 14-3　测试系统

1—风洞；　2—风帽；　3—叶片；　4—发电机；　5—尾舵；　6—塔筒；

7—基座；　8—功率分析仪(Fluke Norma 5000)；　9—电子负载；　10—电脑

14.3.2　测试结果与分析

安装小翼与否叶片输出功率的差异性如图 14 - 4 所示,由图中数据可知,在不同的来流风速和叶片转速时,小翼对叶片的做功能力有不同程度的增益效果,从而证实了小翼结构设计的成功。

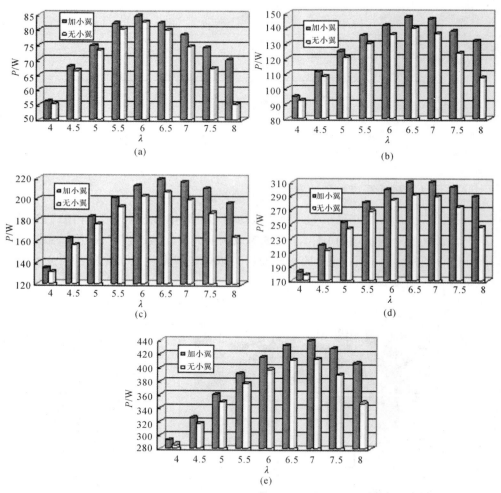

图 14 - 4　安装小翼与否叶片输出功率的差异性

(a)v=6 m/s;　(b)v=7 m/s;　(c)v=8 m/s;　(d)v=9 m/s;　(e)v=10 m/s

v—来流风速;P—输出功率;λ—叶尖速比

小翼对叶片最大做功能力的影响如图 14-5 所示,由图中数据可知,随着来流风速的增大,叶片的最大做功能力由低叶尖速比向着高叶尖速比阶跃,小翼的安装可以促使这类阶跃现象的提前发生,如图 14-5 中当来流风速为 9 m/s 时,安装小翼后,叶片最大做功能力由叶尖速比为 6.5 提前跳跃为 7,即小翼具有调节叶片最大输出功率值及其出现所对应工况的能力。由图中数据还可以发现,小翼对叶片最大做功能力的增益效果随来流风速的增加而增大。

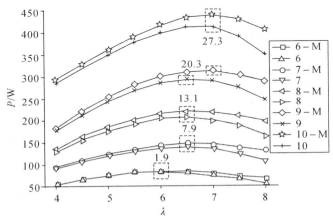

图 14-5 小翼对叶片最大做功能力的影响

6~10—来流风速为 6~10 m/s;M—安装小翼

小翼对叶片做功能力的影响随来流风速和叶片转速变化的规律如图 14-6 所示,由图中数据可知,同一来流风速时,随叶尖速比增大,小翼对叶片做功能力的增益效果增强,且其对叶片处于高叶尖速比时做功能力的增益敏感性更为显著;同一叶尖速比时,小翼对叶片做功能力的增益效果会随来流风速的增加而增大。

小翼对叶片做功能力的提升,主要源于以下两方面原因:

(1)小翼实际上增加了叶片的扫掠捕风面积,因此在相同的来流风速下,叶片可利用风能的总量增加。

(2)小翼的合理设计,可以很大程度上破坏叶尖涡的生成,有效降低叶片旋转过程中所产生的流动损失,提升叶片的风能利用率。

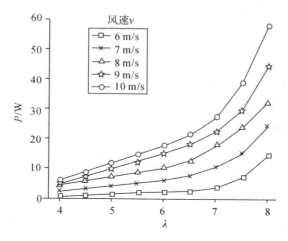

图 14-6   小翼对叶片做功能力的影响随风速和叶片转速的变化

P'—相同来流风速和叶片转速时,安装小翼与不安装小翼时叶片输出功率的差值

14.4   小翼对叶片模态频率的影响

14.4.1   小翼对叶片固有振动频率的影响

测试装置采用丹麦 B&K 公司研发的 PULSE 结构振动测试与分析系统完成,其测试原理如图 14-7 所示。

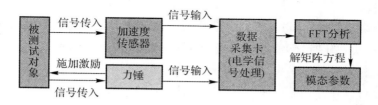

图 14-7   模态测试原理

测试方法采用瞬态激振法,单点激励,多点响应,如图 14-8 所示。所获叶片模态振型如图 14-9 所示,相应固有振动频率值见表 14-2。

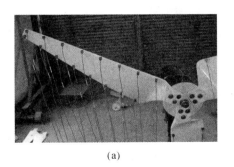
(a)

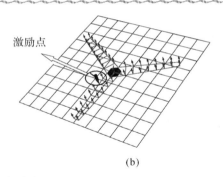
激励点

(b)

图 14-8　模态测试

(a)实物模型；　(b)数学模型

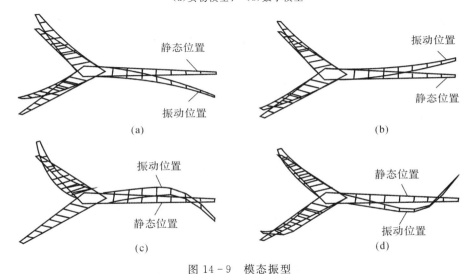

图 14-9　模态振型

(a)1 阶反对称；　(b)1 阶对称；　(c)1 阶反对称；　(d)2 阶对称

表 14-2　小翼对叶片固有振动频率的影响

	f_{1A}/Hz	f_{1S}/Hz	f_{2A}/Hz	f_{2S}/Hz
无小翼	19.8	23.3	77.2	90.1
有小翼	18.5	21.8	66.7	85.4
H/Hz	−1.3	−1.5	−10.5	−4.7
$D/(\%)$	−10.6	−6.4	−13.6	−5.2

注：$f_{1A}(f_{1S})$、$f_{2A}(f_{2S})$ 分别表示叶片 1 阶反对称(对称)、2 阶反对称(对称)振型的固有频率；H 表示安装小翼与不安装小翼时同一类振型固有振动频率值之差；D 表示 H 值与同一类振型不安装小翼时固有振动频率值的比值。

从测试结果可知,小翼虽使叶片 1,2 阶振型固有振动频率值均有所降低,但其影响程度却存在明显的差异性,具体如下:

(1)从频率的绝对值衰减程度(H 值)来看,小翼对叶片 2 阶振型固有振动频率值的降低效果显著高于 1 阶振型的固有振动频率值,且其对 1 阶振型固有振动频率值的降低量值基本相当,但其对 2 阶反对称振型固有振动频率值的降低程度却是 2 阶对称振型固有振动频值降低量值的 2 倍以上。

(2)从频率的相对衰减程度(D 值)来看,小翼对 1,2 阶反对称振型固有振动频率值的降低程度却明显高于同阶对称振型固有振动频率值的降低程度。

14.4.2　小翼对叶片动频值的影响

测试装置同样采用 PULSE 结构振动测试与分析系统完成。首先利用安装于发电机前端部靠近叶片处的加速度传感器,捕获不同工况下沿风轮轴向的加速度时域信号,之后通过傅里叶变换获得被测信号的频域特征,在此基础上,利用模态测试所获得的频谱特征结合谱分析法识别叶片典型振型动频值。在之前的章中对相关测试的具体测试原理和测试方法有详细的介绍,不再赘述。

1.小翼对叶片 2 阶振型动频值的影响

小翼对叶片 2 阶振型动频值的影响规律如图 14－10 所示,由图中数据曲线可以发现,小翼的安装增加了叶片的质量,从而使叶片 2 阶反对称振型和对称振型的固有频率值(转速为 0 时)均有所下降。但随着叶片旋转速度的增加,受小翼所产生离心力及捕风作用的影响,叶片的内应力增大、刚化效应增强,从而导致叶片的动频增大,进而导致安装小翼与否叶片动频间的差值随着叶片旋转速度的增大而逐渐减小。由此导致叶片旋转速度超过某一值后,安装小翼的叶片动频值会超越未安装小翼的叶片动频值,且随着叶片旋转速度的进一步升高,这一差值会逐渐变大。分析造成这一现象的原因为:小翼的安装对叶片固有振动频率的衰减为一定值,而小翼所产生的附加离心力和气动力会随叶片旋转速度的增加而不断增大所致。

同时,观察图 14－10 还可发现,下方两条曲线的交点较上方曲线的交点所对应的转速高。这是因为小翼使叶片质量增加所导致的叶片 2 阶反对称振型固有振动频率值的衰减程度较 2 阶对称振型固有振动频率衰减的幅度大很多。同时,由图 14－10 还可以发现,无小翼的状态下,随着叶片旋转速度的升高,2 阶对称振型动频值和反对称振型动频值间的差值会相应增大,安装小翼后,这一差值却明显减小。由此可知,小翼具备调节叶片 2 阶振型动频值间差值的效用。

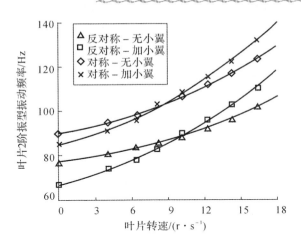

图 14 - 10　小翼对叶片 2 阶振型动频值的影响

14.4.2　小翼对叶片 1 阶振型动频值的影响

小翼对叶片 2 阶振型动频值的影响规律如图 14 - 11 所示,由图中数据曲线可以发现,小翼对叶片 1 阶振型动频值的影响规律与其对 2 阶振型动频值的影响相似。但也存在以下两个方面的明显不同:

(1)下方两条曲线的交点与上方两曲线的交点所对应的叶片转速相近,这是因为小翼使叶片质量的增大所导致的 1 阶反对称振型动频值衰减的程度与其对 1 阶对称振型动频值衰减的幅值相近。

(2)无小翼时,随着叶片旋转速度的增大,1 阶对称振型动频值和反对称振型动频值间的差值增大,但在安装小翼后,并未使这一差值明显减小。

由图 14 - 11 同时可以发现,安装小翼后,1 阶对称振型的动频曲线并没有很快地脱离共振带,这对于叶片的结构安全性是很不利的。至于这一点,可以通过改变小翼或叶片的材质属性,即改变叶片的质量,进而改变叶片 1 阶对称振型的动频曲线走势予以优化解决(该内容不属于本节研究的范畴,为此不作具体陈述)。但更为重要的是,对于三叶片风轮通常所被关注的 3 倍频振动带,安装小翼后,可在一定程度上改变风轮进入和脱离共振带所对应的转速(例如 1 阶对称振型表现较为明显),即小翼具有调节叶片穿越共振带的能力,这对于叶片最佳旋转速度的设计和避免共振的设计具有较重要的意义。

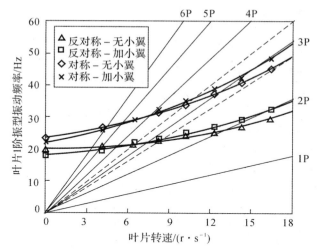

图 14-11　小翼对叶片 1 阶振型动频值的影响

1P～6P—叶片旋转速度的 1～6 倍

14.5　小　　结

　　叶尖小翼作为一种可在不改变叶片原有本体结构的前提下，实现叶片气动性能有益改良的措施，而被广泛地关注。

　　本章设计出了一种 M 形叶尖小翼，实现了叶片全工况范围内做功能力的有效提升，证实了小翼几何结构设计的成功。研究揭示，小翼的安装可以促使叶片最大做功能力由低叶尖速比向着高叶尖速比阶跃现象的提前发生，且随着来流风速和叶片转速的增加，小翼对叶片做功能力的增益效果会随之增强。

　　同时，本章详尽地介绍了所设计叶尖小翼对叶片模态参数和结构动力学参数的修改，示例揭示：叶尖小翼具有调节叶片固有振动频率和穿越共振带的能力，且其对叶片 1 阶对称振型穿越共振带的能力影响更为显著，这一结论对于叶片最佳转速和避免共振的设计与性能改良具有较重要的实用意义。

第15章 叶片气动性能设计方法

15.1 导　　读

  风力发电机是通过风轮叶片汲取风能,进而将机械能转化为电能的装置。叶片是风力发电装置能量转化的关键动力部件,其气动性能是风力机最为关键的设计参数之一。提升风力机叶片气动性能的途径主要有三个方面:一是改进、优化叶片设计方法;二是在叶片周围增加聚流罩或安装叶尖小翼;三是开发适合用于风力发电装置的专用新翼形。

  随着风电产业的迅猛发展,风力机风能利用率的提升和新翼形的开发已成为风能行业的研究热点之一。国外风力机新翼形的研发工作起步较早,技术相对较先进且多样化。具有代表性的研究成果包括美国可再生能源实验室的 S 系列翼形、丹麦国家实验室的 RIS 系列翼形、瑞典航空研究院的 FFA 系列翼形和兰代尔夫特大学的 DU 翼形。国内在新翼形的研发和翼形优化设计方面也做了大量的工作,取得了一些卓有成效的成绩。

  国内在风力机新翼形研发方面仍处于起步阶段,关于高气动性能新翼形的开发的报道并不多,能够公开的数据则更少。本章以 300 W 小型水平轴风力机叶片的设计计算为例开展叶片气动性能设计介绍,并通过实验验证设计方法的可靠性。

15.2 设计参数的确定

15.2.1 设计风速

  依据国家气象科学数据共享网提供的 1998—2008 年内蒙古自治区阿巴嘎旗、多伦、锡林浩特、朱日和 4 个不同地区的风资源数据,利用 WasP 软件计算得到如图 15 - 1 所示的多伦地区风谱图。

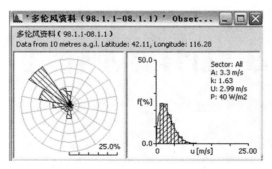

图 15-1　多伦地区风谱图

依据经验公式,风力机设计风速应大于或等于当地 2 倍的年平均风速,故本研究设定风力机额定风速为 10 m/s。

15.2.2　设计尖速比和额定转速

尖速比 λ 为 4～6 时,风力机有较高的功率系数,本章选取设计尖速比为 5.5。根据公式 $\lambda = R\Omega/v$ 可得叶片额定转速 Ω 约为 750 r/min。

15.2.3　实度

一般风轮的实度为 5%～20%,依据尖速比与实度的关系曲线,选取风力机实度为 6%。

15.2.4　叶片数

叶片数取决于风轮的尖速比,见表 15-1,由于三叶片风力机的运行稳定性较好,因此选定叶片数为 3。

表 15-1　风轮叶片数与尖速比的关系

尖速比	叶片数	风机类型
1	6～20	低速
2	4～12	低速
3	3～8	中速
4	3～5	中速
5～8	2～4	高速
8～15	1～2	高速

15.2.5　风轮直径

风轮直径可由下式计算得到:

$$P = \frac{1}{8}\pi D^2 v^3 \rho C_P \eta_1 \eta_2 \tag{15-1}$$

式中,P 为风力机额定输出功率,取额定功率为 300 W;C_P 为风力机功率系数, 一般为 0.4 左右,本章取 0.42;ρ 为空气密度,kg/m³,由当地平均温度和大气压 力得到;v 为风力机额定设计风速,选定为 10 m/s;η_1 为机电转换效率,一般为 60% ~ 80%,本章取 70%;η_2 为传动效率,本章取为 1。

经计算得风轮直径 $D \approx 1.4$ m,本章选定 $D = 1.4$ m。

15.3　叶片设计具体方案及数学模型

利用笔者所在课题组研发的新翼形设计叶片,由于该新翼形仍处于进一步 研究阶段,因此翼形相关参数暂不公布。

15.3.1　目标函数

当考虑稍部损失时,叶片局部最佳功率系数 dC_P 按下式确定:

$$y = dC_P/d\lambda = 8Fb(1-a)\lambda^2 \tag{15-2}$$

式中,λ 为尖速比;F 为稍部损失系数,也称叶尖损失系数;a 为轴向干扰因子;b 为周向干扰因子,也称切向干扰因子。

要使风轮的功率系数达到最大,必须使各个叶素面的 $dC_P/d\lambda$ 值达到最大。

15.3.2　约束条件

为了确定以上目标函数的最大值,就必须在满足下式约束条件的基础上,迭 代计算出各叶素面的 a,b,F,其中 F 由下式确定:

$$a/b\lambda^2 = (1+b)/(1-aF) \tag{15-3}$$

$$F = 2\arccos(e^{-f})/\pi \tag{15-4}$$

$$f = B(R-r)/2R\sin\phi \tag{15-5}$$

式中,f 是中间变量;B 是叶片数;R 是风轮半径;r 是沿翼展方向 r 位置处。

15.3.3　设计步骤

A,b,F 确定下来后,将其代入下面的公式:

$$\frac{BCC_L}{r} = \frac{(1-aF)aF}{(1-a)^2}\frac{8\pi\sin^2\phi}{\cos\phi} \qquad (15-6)$$

$$\alpha = \phi - \theta \qquad (15-7)$$

式中,C 为弦长;C_L 为升力系数;θ 为扭角;α 为攻角;ϕ 为入流角。

至此,可以确定各叶素面的弦长 C 和扭角 θ,为了满足加工工艺和实际结构的需求,需对弦长和扭角进行适当修正。

15.4　设 计 计 算

15.4.1　程序中的核心问题及处理方法

1. a,b 及 F 的求解

确定两个因子是整个程序运行中最关键的环节。该问题属于多变量有约束非线性函数的极值问题,需要用 Matlab 软件中的优化工具箱来处理,利用函数 fmincon 来实现,数学模型如下:$\min f(\boldsymbol{x})$;$c(\boldsymbol{x}) \leqslant 0$;$ceq(\boldsymbol{x}) = 0$;$\boldsymbol{A} \cdot \boldsymbol{x} \leqslant \boldsymbol{b}$;$\boldsymbol{Aeq} \cdot \boldsymbol{x} \leqslant \boldsymbol{beq}$;$\boldsymbol{lb} \leqslant \boldsymbol{x} \leqslant \boldsymbol{ub}$。其中,$\boldsymbol{x}$,$\boldsymbol{b}$,$\boldsymbol{beq}$,$\boldsymbol{lb}$ 和 $\boldsymbol{ub}$ 为矢量;$\boldsymbol{A}$ 和 $\boldsymbol{Aeq}$ 是矩阵;$c(\boldsymbol{x})$ 和 $ceq(\boldsymbol{x})$ 为函数,返回标量;$f(\boldsymbol{x})$,$c(\boldsymbol{x})$ 和 $ceq(\boldsymbol{x})$ 可为非线性函数。

最优函数是通过创建两个 M 文件来实现的,一个为目标函数 objfun,另一个为约束函数 confun,然后供主程序来调用,最后求得 a,b 及稍部损失系数 F。

2. 最优攻角的确定

由设计翼形的升阻比曲线可知,每个雷诺数在某个攻角变化范围内均对应不同的升力系数和阻力系数。要确定最优攻角就需要得到攻角和升阻比的关系曲线,升阻比最大时所对应的攻角即为最优的设计攻角。此问题属于 Matlab 中的无约束最优化问题,利用 fminbnd 函数来实现,接受主程序的雷诺数 Re,返回最优攻角 α。

15.4.2　计算程序流程图

计算程序流程图如图 15-2 所示。

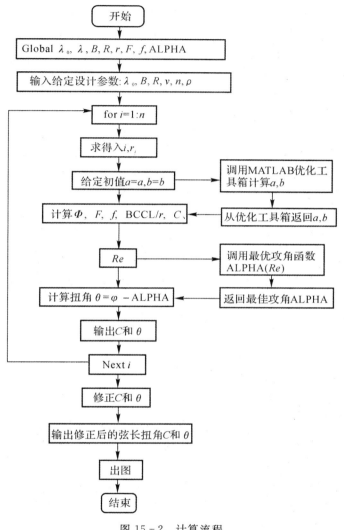

图 15-2　计算流程

15.4.3　计算结果

1.叶片相关参数

本章所设计叶片由 20 个翼形曲线光滑过渡生成,在额定工况下叶片各翼形截面的相关参数见表 15-2。由于版面限制,表中数据不予全部罗列。

2.基本参数计算结果

a,b 两干扰因子变化曲线如图 15-3 所示,稍部损失系数 F 变化曲线如图 15-4 所示,各翼形截面雷诺数变化曲线如图 15-5 所示,各截面局部功率系数变化曲线如图 15-6 所示。

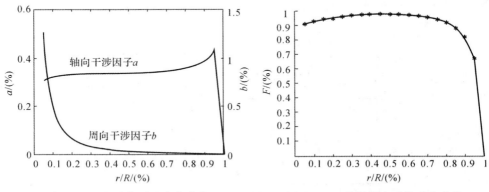

图 15-3　两干扰因子变化曲线　　　　图 15-4　稍部损失系数变化曲线

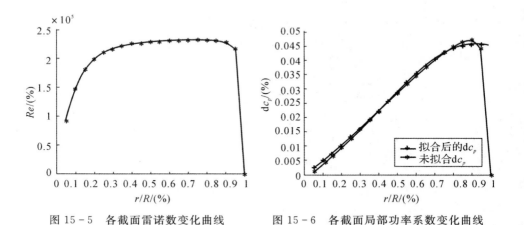

图 15-5　各截面雷诺数变化曲线　　　　图 15-6　各截面局部功率系数变化曲线

3.扭角和弦长的修正

弦长修正曲线如图 15-7 所示,扭角修正曲线如图 15-8 所示。

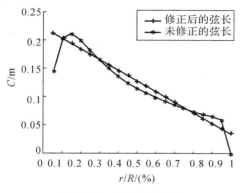

图 15 - 7　弦长修正曲线

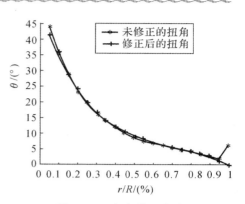

图 15 - 8　扭角修正曲线

表 15 - 2　额定工况下叶片各翼形截面的相关参数

截面	r/R	λ	r	dp	a	b	F	Re	BCC_L/r	ϕ	C	α	θ
1	0.05	0.275	0.035	0.001 2	0.305 4	1.280 6	0.906 3	93 537.55	8.571 3	47.92	0.144 9	5.29	4 263
2	0.10	0.550	0.070	0.003 8	0.322 5	0.499 2	0.923 9	148 690.69	5.974 1	39.41	0.202 0	5.29	34.12
…	…	…	…	…	…	…	…	…	…	…	…	…	…
19	0.95	5.225	0.665	0.043 9	0.431 6	0.011 1	0.669 6	216 557.28	0.184 0	6.14	0.059 1	4.22	1.92
20	1.00	5.500	0.700	0.000 0	0.023 8	0.000 8	0.000 0	0.000 0	0.000 0	10.10	0.000 0	4.22	5.84

4.叶素面空间坐标的求解

在确定了叶片各叶素面的扭角和弦长后,就可以确定各叶素面的空间坐标。各截面的空间坐标是离散的,首先需要建立合适的空间三维坐标系,这里以叶根处$(r=0)$的叶素面作为XOY坐标平面,沿着叶片展长方向作为Z轴方向,确定原点(x_0,y_0)在叶根处$(r=0)$的叶素面翼形的前缘点,各叶素面空间的离散坐标设为(x,y,z)。

翼形数据库中提供的翼形坐标数据为相对量,设为(x_1,y_1),叶素面扭转前的离散坐标设为(x_2,y_2),坐标变换后为(x_3,y_3),修正后的弦长和扭角分别为C和θ,确定离散坐标的数学模型如下:

$$(x_2,y_2)=(x_1,y_1)\times C \qquad (15-8)$$

$$(x_3,y_3)=(x_2,y_2)-(x_0,y_0) \qquad (15-9)$$

各叶素面扭转后的实际空间离散坐标为

$$\left.\begin{array}{l} x=x_3\cos\theta-y_3\sin\theta \\ y=x_3\sin\theta+y_3\cos\theta \\ z=r \end{array}\right\} \qquad (15-10)$$

5.风轮三维建模

将以上计算所得的三维坐标导入建模软件,得到风轮整体的三维模型如图15-9所示。

图 15-9　风轮的三维建模

15.5　叶片气动性能试验

为验证叶片设计计算程序的可靠性,利用以上获得的叶片外形数据制作实体新翼形叶片,并进行气动性能试验。为比较新翼形叶片与 NACA4415 翼形叶片气动性能的优劣,在相同设计条件下,将 NACA4415 翼形作为设计翼形进行叶片的设计计算,根据获得的叶片外形数据制作相应翼形叶片,并与新翼形叶片在同样的试验条件下进行气动性能测试。

15.5.1　测试对象

翼形叶片实体模型如图 15-10 所示,左侧为新翼形叶片,右侧为 NACA4415 翼形叶片。

新翼形叶片　　　　　NACA4415翼形叶片

图 15-10　翼形叶片实体模型

15.5.2　测试设备

测试试验在内蒙古工业大学的吹气式 B1/K2 型低速风洞开口实验段进行,如图 15 - 11 所示。信号采集由 EDA9033G 智能三相电采集模块完成,如图 15 - 12所示。采集信号包括风力机的有功/无功功率、功率因数、电压、电流和频率等信号。测试中风轮搭配同一台发电机。

图 15 - 11　风洞及测试台架

图 15 - 12　EDA9033G 智能采集设备、负载调节系统、电脑

15.5.3　测试方法

低速风洞为风力机提供均匀的来流风速,风速调节可通过风洞另一端的变频器控制风洞入口端的轴流式风机转速来实现。风轮转动带动发电机工作,产生电流输出,发电机的输出端与负载调节系统和 EDA9033G 智能采集设备连接。通过负载调节系统可实现风力机在不同尖速比下工作。EDA9033G 智能采集模块另一端与电脑连接,通过与 EDA9033G 配套的分析系统,可同步获得发电机的多种工作状态参数,进而获得风轮的输出功率。

15.5.4 测试结果

两个风轮在不同测试风速下的最大输出功率见表 15 – 3。

表 15 – 3　两个风轮在不同测试风速下最大输出功率

风速/(m·s⁻¹)	NACA4415 最大输出功率/W	新翼形最大 输出功率/W	相对提升率/(%)
4	20.3	21.0	3.4
5	41.4	42.8	3.4
6	76.8	79.5	3.5
7	126.9	138.0	8.7
8	186.9	198.8	6.4
9	262.1	279.3	6.6
10	362.7	396.6	9.3

由表 15 – 3 可以看出，在额定设计风速 10 m/s 下，新翼形叶片和 NACA4415 翼形叶片输出功率均达到了 300 W 以上，从而验证了叶片设计计算程序的可靠性；新翼形叶片输出功率明显高于 NACA4415 翼形叶片。因此，新翼形叶片的开发是成功的，该种新翼形在小型风力机叶片气动性能设计方面要好于美国的 NACA4415 翼形。

15.6　小　　结

本章利用某型风力机专用新翼形，基于 Wilson 法，通过 Matlab 编写的叶片设计计算程序获得了 300 W 小型水平轴风力机叶片的相关翼形数据，建立了完善的叶片气动性能设计方法，并通过试验测试佐证了所建立方法的可靠性。

附录 风力机相关专业术语

附 录 1

术语	英文名称
风能	wind energy
风电场	wind power station, wind farm
风力机	wind turbine
高速风力机	high speed WECS
低速风力机	low speed WECS
水平轴风力机	horizontal axis wind turbine
垂直轴风力机	vertical axis wind turbine
轮毂	hub
机舱	nacelle
支撑结构	support structure
关机	shutdown
正常关机	normal shutdown
紧急关机	emergency shutdown
空转	idling
锁定	blocking
停机	parking
静止	standstill
制动器	brake
停机制动	parking brake
控制系统	control system

续 表

术语	英文名称
保护系统	protection system
偏航	yawing
设计工况	design situation
载荷状况	load case
外部条件	external condition
设计极限	design limit
极限状态	limit state
使用极限状态	serviceability limit state
最大极限状态	ultimate limit state
安全寿命	safe life
严重故障	catastrophic failure
潜伏故障	latent fault dormant failure

附 录 2

术语	英文名称
风轮	wind rotor
风轮直径	rotor diameter
风轮扫掠面积	rotor swept area
风轮仰角	tilt angle of rotor shaft
风轮偏航角	yawing angle of rotor shaft
风轮额定转速	rated turning speed of rotor
风轮最高转速	maximum turning speed of rotor
风轮尾流	rotor wake
尾流损失	wake losses
风轮实度	rotor solidity

续 表

术语	英文名称
轮毂高度	hub height
实度损失	solidity losses
叶片数	number of blade
叶片	blade
等截面叶片	constant chord blade
变截面叶片	variable chord blade
叶片投影面积	projected area of blade
叶片长度	length of blade
叶根	root of blade
叶尖	tip of blade
叶尖速度	tip speed
桨距角	pitch angle
翼形	airfoil
前缘	leading edge
后缘	tailing edge
几何弦长	geometric chord of airfoil
气动弦线	aerodynamic chord of airfoil
翼形厚度	thickness of airfoil
翼形相对厚度	relative thickness of airfoil
厚度函数	thickness function of airfoil
中弧线	mean line
弯度	degree of curvature
翼形族	family of airfoil
弯度函数	curvature function of airfoil
叶片根梢比	ratio of tip – section chord to root – section chord
叶片展弦比	aspect ratio
叶片安装角	setting angle of blade

续 表

术语	英文名称
叶片扭角	twist of blade
叶片几何攻角	angle of attack of blade
叶尖损失	tip losses

附 录 3

术语	英文名称
风速	wind speed
风矢量	wind velocity
旋转采样风矢量	rotationally sampled wind velocity
额定风速	rated wind speed
切入风速	cut - in speed
切出风速	cut - out speed
工作风速范围	range of effective wind speed
启动风速	start - up wind speed
停车风速	shut - down wind speed
自由流风速	free stream wind speed
年平均风速	annual average wind speed
平均风速	mean wind speed
极端风速	extreme wind speed
安全风速	survival wind speed
参考风速	reference wind speed
风速分布	wind speed distribution
韦伯风速分布	Weibull wind speed distribution
瑞利分布	Rayleigh distribution
韦伯分布	Weibull distribution

续 表

术语	英文名称
风切变	wind shear
风切变指数	wind shear exponent
下风向	down wind
上风向	up wind
阵风	gust
阵风影响	gust influence
湍流强度	turbulence intensity
湍流尺度参数	turbulence scale parameter
最大风速	maximum wind speed
风速频率	frequency of wind speed
风功率密度	wind power density
风能密度	wind energy density

附　录　4

术语	英文名称
空气动力特性	aerodynamic characteristics
额定功率	rated power
输出功率	output power
最大功率	maximum power
额定叶尖速度比	rated tip - speed ratio
升力系数	lift coefficient
阻力系数	drag coefficient
升阻比	ratio of lift to drag coefficient
正压力系数	positive pressure coefficient
转子功率系数	rotor power coefficient

续 表

术语	英文名称
力矩系数	torque coefficient
额定力矩系数	rated torque coefficient
启动力矩系数	starting torque coefficient
最大力矩系数	maximum torque coefficient
输出特性	out-put characteristics
调节特性	regulating characteristics
调向灵敏性	sensitivity of following wind
调向稳定性	stability of following wind
年能量输出	annual energy output
功率特性	power performance
静电功率输出	net electric power output
功率系数	power performance
测量功率曲线	measurement power curve
外推功率曲线	extrapolated power curve
年发电量	annual energy production
数据组功率特性测试	data set for power performance measurement

附　录　5

术语	英文名称
迎风机构	orientation mechanism
尾舵	tail vane
尾轮	tail wheel
侧翼	side vane
调速机构	regulating mechanism
风轮偏测式调速机构	regulating mechanism of rotor out of the wind sideward

续 表

术语	英文名称
变浆距机构	regulating mechanism of adjusting the pitch of blade
制动机构	braking mechanism
整流罩	nose cone
法兰	weld neck Flange
塔架	tower
独立式塔架	free stand tower
拉索式塔架	guyed tower
塔影响效应	influence by the tower shadow
顺桨	feathering
阻尼板	spoiling flap
电容器组	capacitor bank
控制回路	control loop
电器接口	electrical interface
电网连接点	network connection point
电力汇集系统	power collection system
软启动/软并网	soft start

附 录 6

术语	英文名称
常速实验	constant speed test
外场实验	field test
测量误差	uncertainty in measurement
测量参数	measurement parameter
测量位置	measurement seat
测量周期	measurement period

续 表

术语	英文名称
测量扇区	measurement sector
距离常数	distance constant
试验场地	test site
气流畸变	flow distortion
障碍物	obstacles
复杂地形带	complex terrain
风障	wind break
声压级	sound pressure level
声级	weighted sound pressure level，sound level
平均噪声	average noise level
视在声功率级	apparent sound power level
指向性	directivity
音值	tonality
声的基准面风速	acoustic reference wind speed
标准风速	standardized wind speed
基准高度	reference height
基准粗糙长度	reference roughness length
基准距离	reference distance
掠射角	grazing angle
颤振	flutter

参 考 文 献

［1］ 互动百科网. 风能［EB/OL］. http://www. baike. com/wiki/风能. 2015 - 07 - 25.

［2］ 环球网. 丹麦 2017 年风电占总发电量超 40％［EB/OL］. http://tech. huanqiu. com/science/2018 - 01/11523390. html. 2018 - 01 - 15.

［3］ 北极星风力发电网. 风电已成为中国第三大能源［EB/OL］. http:// news. bjx. com. cn/html/20140627/522664. shtml. 2014 - 06 - 27.

［4］ 国际能源网.《全球风电市场 2017 年度统计报告》发布 中国 19.5GW 稳 居第一［EB/OL］. http://www. in - en. com/article/html/energy - 2265681. shtml. 2018 - 02 - 23.

［5］ 北极星风力发电网. 彭博公布 2017 年全球风电整机制造商年度新增装机 排名［EB/OL］. http://news. bjx. com. cn/html/20180227/882255. shtml. 2018 - 02 - 27.

［6］ 中国能源网. 陆上风电会步入 3 兆瓦时代吗［EB/OL］. http://www. cnenergy. org/xny_183/fd/201710/t20171016_447130. html. 2017 - 10 - 16.

［7］ 前瞻网. 2017 年全球风电市场现状分析 中国 19.5GW 稳居第一［EB/ OL］. https://www. qianzhan. com/analyst/detail/220/180614 - 156a9d90. html. 2018 - 06 - 14.

［8］ 北极星风力发电网. 未来的海上风电将会如何发展［EB/OL］. http:// news. bjx. com. cn/html/20180123/875951. shtml. 2018 - 01 - 23.

［9］ 国际能源网. 2017 年中国风电装机数据火热出炉［EB/OL］. http:// www. in - en. com/article/html/energy - 2267140. shtml. 2018 - 04 - 04.

［10］ 新浪网. 2017 风电行业:中南部地区增长显著分散式前景广大［EB/ OL］. http://finance. sina. com. cn/roll/2018 - 04 - 05/doc - ifyuwqez5120059. shtml. 2018 - 04 - 05.

［11］ 北极星风力发电网. 2017 中国风电整机商排名及市场份额数据权威公 布［EB/OL］. http://news. bjx. com. cn/html/20180403/889653. shtml. 2018 - 04 - 03.

［12］ 中国电力新闻网. 2017 年中国风电吊装容量统计简报出炉［EB/OL］. http://www. cpnn. com. cn/xny/201804/t20180419_1065983. html. 2018 - 05 - 02.

[13] 新浪网. 中国海装 3 MW 风电机组在两江新区正式下线[EB/OL]. http://k. sina. com. cn/article_1787920531_6a918093042004gg4. html. 2017 - 09 - 24.

[14] 北极星风力发电网. 国内外海上风电发展现状研究[EB/OL]. http:// news. bjx. com. cn/html/20171011/854385. shtml. 2017 - 10 - 11.

[15] 北极星风力发电网. 我国在建海上风电项目概况[EB/OL]. http:// news. bjx. com. cn/html/20170930/853459. shtml. 2017 - 09 - 30.

[16] 搜狐网. "三北"地区靠不住 中国风电增速遭遇近五年新低[EB/OL]. http://www. sohu. com/a/227285957_313745. 2018 - 04 - 04.

[17] 中国工控网. 风机制造格局生变:产业步入深度调整期[EB/OL]. http://www. gongkong. com/news/201804/378489. html. 2018 - 04 - 13.

[18] 马剑龙,汪建文,刘博,等. 翼型及叶片安装方式变化对风轮各阶固有频率影响的研究[J]. 工程热物理学报,2013,34(6):1069 - 1073.

[19] Jung H P, Hyun Y P, Seok Y J. Linear vibration analysis of rotating wind-turbine blade[J]. Current Applied Physics, 2010, 10(2):332 - 334.

[20] Philippe M, Babarit A, Ferrant P. Modes of response of an offshore wind turbine with directional wind and waves[J]. Renewable Energy, 2013, 49:151 - 155.

[21] Andersen L V, Vahdatirad M J, Sichani M T. Natural frequencies of wind turbines on monopile foundations in clayey soils - A probabilistic approach[J]. Computers and Geotechnics, 2012, 43:1 - 11.

[22] Zaaijer M B. Foundation modelling to assess dynamic behaviour of offshore wind turbines[J]. Applied Ocean Research, 2006, 28(1):45 - 57.

[23] 李德源,叶枝全,包能胜. 风力机旋转风轮振动模态分析[J]. 太阳能学报,2004,25(1):101 - 106.

[24] 王应军,裴鹏宇. 风力发电机叶片固有振动特性的有限元分析[J]. 华中科技大学学报,2002,32(2):44 - 46.

[25] 赵志渊,汪建文,刘金鹏. 单叶风轮与三叶风轮的动力学特性的比较[J]. 可再生能源,2008,26(4):90 - 92.

[26] 马剑龙,汪建文,董波,等. 风力机风轮低频振动特性的实验模态研究[J]. 振动与冲击,2013,32(16):99 - 105.

[27] Spera D A. Wind Turbine Technology[M]. USA:ASME Press, 1995.

[28] Lackner M A, Rotea M A. Structural control of loating wind turbines

[J]. Mechatronics, 2011, 21(4):704 – 719.

[29] Stewart G M, Lackner M A. The effect of actuator dynamics on active structural control of offshore wind turbines [J]. Engineering Structures, 2011, 33(5):1807 – 1816.

[30] Maalawi K Y, Negm H M. Optimal frequency design of wind turbine blades[J]. Journal of Wind Engineering and Industrial Aerodynamics, 2002, 90(8):961 – 986.

[31] Negma H M, Maalawi K Y. Structural design optimization of wind turbine towers[J]. Computers and Structures, 2000, 74(6):649 – 666.

[32] Maki K, Sbragio R, Vlahopoulos N. System design of a wind turbine using a multi – level optimization approach[J]. Renewable Energy, 2012, 43:101 – 110.

[33] 黄雪梅, 张磊安. 风电叶片低阶频率识别的近似解法及试验[J]. 振动与冲击, 2012, 31(18):78 – 82.

[34] Tcherniak D. Rotor anisotropy as a blade damage indicator for wind turbine structural health monitoring systems[J]. Mechanical Systems and Signal Processing, 2016, 74:183 – 198.

[35] Oliveira G, Magalhães F, Cunha Á, et al. Development and implementation of a continuous dynamic monitoring system in a wind turbine[J]. Journal of Civil Structural Health Monitoring, 2016, 6(3):343 – 353.

[36] Morato A, Sriramula S, Krishnan N, et al. Ultimate loads and response analysis of a monopile supported offshore wind turbine using fully coupled simulation[J]. Renewable Energy, 2017, 101:126 – 143.

[37] Oh K Y, Park J Y, Lee J S, et al. A novel method and its field tests for monitoring and diagnosing blade health for wind turbines [J]. IEEE Transactions on Instrumentation and Measurement, 2015, 64(6):1726 – 1733.

[38] Yang W, Lang Z, Tian W. Condition monitoring and damage location of wind turbine blades by frequency response transmissibility analysis[J]. IEEE Transactions on Industrial Electronics, 2015, 62(10):6558 – 6564.

[39] Ulriksen M D, Tcherniak D, Kirkegaard P H, et al. Operational modal analysis and wavelet transformation for damage identification in wind turbine blades[J]. Structural Health Monitoring, 2016, 15(4):381 – 388.

[40] Moradi M, Sivoththaman S. MEMS multisensor intelligent damage detection for wind turbines[J]. IEEE Sensors Journal, 2015, 15(3):1437 – 1444.

[41] Kilic G, Unluturk M S. Testing of wind turbine towers using wireless sensor network and accelerometer[J]. Renewable Energy, 2015, 75: 318 – 325.

[42] Lee J K, Park J Y, Oh K Y, et al. Transformation algorithm of wind turbine blade moment signals for blade condition monitoring [J]. Renewable Energy, 2015, 79(1):209 – 218.

[43] Sanz – Corretge J, Lúquin O, García – Barace A. An efficient demodulation technique for wind turbine tower resonance monitoring [J]. Wind Energy, 2014, 17(8):1179 – 1197.

[44] Baqersad J, Niezrecki C, Avitabile P. Extracting full – field dynamic strain on a wind turbine rotor subjected to arbitrary excitations using 3D point tracking and a modal expansion technique[J]. Journal of Sound and Vibration, 2015, 352(8):16 – 29.

[45] Kim S, Adams D E, Sohn H, et al. Crack detection technique for operating wind turbine blades using Vibro – Acoustic Modulation[J]. Structural Health Monitoring, 2014, 13(6):660 – 670.

[46] Tang J L, Soua S, Mares C, et al. An experimental study of acoustic emission methodology for in service condition monitoring of wind turbine blades[J]. Renewable Energy, 2016, 99:170 – 179.

[47] Giri P, Lee J R. Development of wireless laser blade deflection monitoring system for mobile wind turbine management host[J]. Journal of Intelligent Material Systems and Structures, 2014, 25(11):1384 – 1397.

[48] Jamalkia A, Ettefagh M M, Mojtahedi A. Damage detection of TLP and spar floating wind turbine using dynamic response of the structure [J]. Ocean Engineering, 2016, 125:191 – 202.

[49] Fleming I, Luscher D J. A model for the structural dynamic response of the CX – 100 wind turbine blade[J]. Wind Energy, 2014, 17(6):877 – 900.

[50] Karimirad M, Moan T. Stochastic dynamic response analysis of a tension leg spar – type offshore wind turbine[J]. Wind Energy, 2013, 16(6):953 – 973.

[51] Wang K, Moan T, Hansen M O L. Stochastic dynamic response analysis of a floating vertical – axis wind turbine with a semi – submersible floater[J]. Wind Energy, 2016, 19(10):1853 – 1870.

[52] Seebai T, Sundaravadivelu R. Response analysis of spar platform with

wind turbine[J]. Ships and Offshore Structures，2013，8(1)：94 - 101.

[53] Etemaddar M，Hansen M O L，Moan T. Wind turbine aerodynamic response under atmospheric icing conditions[J]. Wind Energy，2014，17(2)：241 - 265.

[54] Howard K B，Hu J S，Chamorro L P，et al. Characterizing the response of a wind turbine model under complex inflow conditions[J]. Wind Energy，2015，18(4)：729 - 743.

[55] Howard K B，Chamorro L P，Guala M. A comparative analysis on the response of a wind - turbine model to atmospheric and terrain effects [J]. Boundary - Layer Meteorology，2016，158(2)：229 - 255.

[56] 刘胜先，李录平，余涛，等. 基于振动检测的风力机叶片覆冰状态诊断技术[J]. 中国电机工程学报，2013，33(32)：88 - 95.

[57] 白叶飞，汪建文，赵元星，等. 基于遥测技术的风力机叶片动态应变特征实验研究[J]. 工程热物理学报，2014，35(4)：682 - 686.

[58] 赵新光，甘晓晔，谷泉，等. 基于小波能谱系数的风力机疲劳裂纹特征[J]. 振动、测试与诊断，2014，34(1)：147 - 152.

[59] 苗凤麟，施洪生，张小青. 风电机组耦合振动特性分析[J]. 中国电机工程学报，2016，36(1)：187 - 195.

[60] 曹九发，柯世堂，王同光. 复杂工况下的大型风力机气动弹性响应和尾迹数值分析研究[J]. 振动与冲击，2016，35(1)：46 - 53.

[61] 徐磊，李德源，莫文威，等. 基于非线性气弹耦合模型的风力机柔性叶片随机响应分析[J]. 振动与冲击，2015，34(10)：20 - 27.

[62] 杨阳，李春，缪维跑，等. 高速强湍流风况下的风力机结构动力学响应[J]. 动力工程学报，2016，36(8)：638 - 644.

[63] 王振宇，张彪，赵艳，等. 台风作用下风力机塔架振动响应研究[J]. 太阳能学报，2013，34(8)：1434 - 1442.

[64] Carne T G，Arlo N. Modal testing of a rotating wind turbine[J]. American Solar Energy Soc Inc，1983，825 - 834.

[65] Ganeriwala S N，YANG J，Richardson M. Using modal analysis for detecting cracks in wind turbine blades[J]. Sound and Vibration，2011，45(5)：10 - 13.

[66] 叶枝全，马昊昊，丁康，等. 水平轴风力机桨叶的实验模态分析[J]. 太阳能学报，2001，22(4)：473 - 476.

[67] 汪建文，赵志渊，刘博. 三叶片风轮动力学特性的分析[J]. 太阳能学

报，2009，32(2):221－225.

[68] 汪建文，闫建校，刘金鹏，等. 多叶片风轮的试验模态测试与分析[J]. 太阳能学报，2009，29(12):1460－1464.

[69] 汪建文，赵志渊，刘博. 叶尖小翼的离心力和气动力对风轮动频特性的影响研究[J]. 太阳能学报，2009，30(9):1301－1306.

[70] 李声艳，徐玉秀，周晓梅. 风力发电机组风轮的动态特性分析[J]. 天津工业大学学报，2006，25(6):65－67.

[71] 王磊，陈柳，何玉林，等. 基于假设模态法的风力机动力学分析[J]. 振动与冲击，2012，31(11):122－126.

[72] Malcolm D J. Response of stall － controlled, teetered, gree － yaw downwind turbines[J]. Wind Energy, 1999, 2:79－98.

[73] Stubkier S, Pedersen H C. Design, optimization and analysis of hydraulic soft yaw system for 5 MW wind turbine [J]. Wind Engineering, 2011, 35(5):529－550.

[74] Watanabe F, Takahashi T, Tokuyama H, et al. Modelling passive yawing motion of horizontal axis small wind turbine: derivation of new simplified equation for maximum yaw rate[J]. Wind Engineering, 2012, 36(4):433－442.

[75] Schreck S, Robinson M, Hand M, et al. HAWT dynamic stall response asymmetries under yawed flow conditions[J]. Wind Energy, 2000, 3:215－232.

[76] Micallef D, Van Bussel G, Ferreira C S, et al. An investigation of radial velocities for a horizontal axis wind turbine in axial and yawed flows[J]. Wind Energy, 2013, 16(4):529－544.

[77] Bassett K, Carriveau R, Ting D S K. Vibration response of a 2.3 MW wind turbine to yaw motion and shut down events[J]. Wind Energy, 2011, 14(8):939－952.

[78] Narayana M, Putrus G A, Leung P S, et al. Development of a model to investigate the yaw behaviour of small horizontal axis wind turbines[J]. Proceedings of the Institution of Mechanical Engineers, Part A:Journal of Power and Energy, 2012, 226(1):86－97.

[79] Gharali K, Johnson D A. Effects of nonuniform incident velocity on a dynamic wind turbine airfoil[J]. Wind Energy, 2014, 18(2):237－251.

[80] 柯世堂，王同光. 偏航状态下风力机塔架－叶片耦合结构气弹响应分析

[J]. 振动与冲击，2015，34(18):33 - 38.

[81] 杨军，秦大同. 偏侧风对风力机气动性能的影响[J]. 太阳能学报，2011，32(4):537 - 542.

[82] 查顾兵，竺晓程，沈昕，等. 水平轴风力机在偏航情况下动态失速模型分析[J]. 太阳能学报，2009，30(9):1297 - 1300.

[83] Hsu M C, Bazilevs Y. Fluid —— structure interaction modeling of wind turbines: simulating the full machine[J]. Computational Mechanics, 2012，50(6):821 - 833.

[84] Bazilevs Y, Takizawa K, Tezduyar T E, et al. Aerodynamic and FSI Analysis of Wind Turbines with the ALE - VMS and ST - VMS Methods[J]. Archives of Computational Methods in Engineering, 2014，21(4):359 - 398.

[85] Hu H, Zhang S R. Dynamic analysis of tension leg platform for offshore wind turbine support as fluid - structure interaction[J]. China Ocean Engineering, 2011，25(1):123 - 131.

[86] Maldonado V, Farnsworth J, Gressick W, et al. Active control of flow separation and structural vibrations of wind turbine blades[J]. Wind Energy, 2010，13(2):221 - 237.

[87] Bekhti A, Guerri O, Rezoug T. Numerical simulation of fluid flow around free vibrating wind turbine airfoil[J]. 2015，1648(1):387 - 403.

[88] Sessarego M, Ramosgarcía N, Shen W Z. Development of a fast fluid - structure coupling technique for wind turbine computations[J]. Journal of Power and Energy Engineering, 2015，03(7):1 - 6.

[89] Liu X, Lu C, Liang S, et al. Influence of the vibration of large - scale wind turbine blade on the aerodynamic load[J]. Energy Procedia, 2015，75(7):873 - 879.

[90] 姚世刚，戴丽萍，康顺. 风力机叶片气动性能及流固耦合分析[J]. 工程热物理学报，2016，37(5):988 - 992.

[91] 陈文朴，李春，叶舟，等. 基于流固耦合的风力机叶片结构稳定性分析[J]. 水资源与水工程学报，2016，27(4):179 - 183.

[92] Lee Y J, Jhan Y T, Chung C H. Fluid - structure interaction of FRP wind turbine blades under aerodynamic effect[J]. Composites Part B Engineering, 2012，43(5):2180 - 2191.

[93] 柯世堂，余玮，王同光. 基于大涡模拟考虑叶片停机位置大型风力机风

振响应分析[J]. 振动与冲击,2017,36(7):92-98.

[94] 马剑龙,汪建文,魏海娇,董波. 风轮固有振动频率随工况变化的响应特性[J]. 振动、测试与诊断,2014,(3):508-515.

[95] 吕文春,马剑龙,汪建文,等. 风轮典型振型动态频率的间接测试和识别方法[J]. 农业工程学报,2016,(23):233-238.

[96] Decaix J,Balarac G,Dreyer M,et al. RANS and LES computations of the tip-leakage vortex for different gap widths[J]. Journal of Turbulence,2015,16(4):309-341.

[97] Micallef D,Ferreira C S,Sant T,et al. Experimental and numerical investigation of tip vortex generation and evolution on horizontal axis wind turbines[J]. Wind Energy,2016,19(8):1485-1501.

[98] Varshney K. Characteristics of helical tip vortices in a wind turbine near wake[J]. Theoretical and applied climatology,2013,111(3-4):427-435.

[99] Aubrun S,Loyer S,Hancock P E,et al. Wind turbine wake properties:comparison between a non-rotating simplified wind turbine model and a rotating model[J]. Journal of Wind Engineering and Industrial Aerodynamics,2013,120:1-8.

[100] Lignarolo L E M,Ragni D,Krishnaswami C,et al. Experimental analysis of the wake of a horizontal-axis wind-turbine model[J]. Renewable Energy,2014,70:31-46.

[101] Lignarolo L E M,Ragni D,Scarano F,et al. Tip-vortex instability and turbulent mixing in wind-turbine wakes[J]. Journal of Fluid Mechanics,2015,781:467-493.

[102] Toloui M,Chamorro L P,Hong J. Detection of tip-vortex signatures behind a 2.5 MW wind turbine[J]. Journal of Wind Engineering and Industrial Aerodynamics,2015,143:105-112.

[103] Massouh F,Dobrev I. Investigation of wind turbine flow and wake [J]. Journal of Fluid Science and Technology,2014,9(3).

[104] Howard K B,Singh A,Sotiropoulos F,et al. On the statistics of wind turbine wake meandering:an experimental investigation[J]. Physics of Fluids,2015,27(7).

[105] 张立茹,邬果昉. 固定偏航下风力机输出功率及涡声关系的研究[J]. 可再生能源,2016,34(9):1326-1332.

[106] 高翔, 胡骏, 王志强. 叶尖射流对风力机叶尖流场影响的数值研究[J]. 航空动力学报, 2014, 29(8):1863 – 1870.

[107] 黄宸武, 陈敏, 凌晓辉, 等. 风力机气动相似性理论分析与缩模实验讨论[J]. 可再生能源, 2014, 32(10):1493 – 1498.

[108] 高志鹰, 汪建文, 东雪青, 等. 风力机叶尖涡流场特性的多窗口 PIV 测试[J]. 工程热物理学报, 2013, 34(2):258 – 261.

[109] Lee K, Huque Z, Kommalapati R, et al. Fluid – structure interaction analysis of NREL phase Ⅵ wind turbine: aerodynamic force evaluation and structural analysis using FSI analysis[J]. Renewable Energy, 2017, 113:512 – 531.

[110] 戴丽萍, 姚世刚, 王晓东, 等. 偏航工况风力机叶片流固耦合特性研究[J]. 太阳能学报, 2017, 38(4):945 – 950.

[111] 孟超平, 马剑龙, 吕文春. 基于单向流固耦合的风力机动模态计算方法研究[J]. 可再生能源, 2016, 34(6):884 – 888.

[112] 任年鑫, 李玉刚, 欧进萍. 浮式海上风力机叶片气动性能的流固耦合分析[J]. 计算力学学报, 2014, 34(1):91 – 95.

[113] 刘海锋, 孙凯, 胡丹梅. 大型风力机尾迹双向流固耦合特性分析[J]. 可再生能源, 2015, 33(11):1664 – 1673.

[114] Weber W. Design and development of voith's wind turbine[J]. Voith Research and Construction, 1982, 29:1 – 6.

[115] Timmer W A, Van Rooij R P J O M. Summary of the delft university wind turbine dedicated airfoils [J]. Journal of Solar Energy Engineering – Transactions of the ASME, 2003, 125(4):488 – 496.

[116] Björk A. Coordinates and calculations for the FFA – W1 – xxx, FFA – W2 – xxx and FFA – W3 – xxx series of airfoils for horizontal axis wind turbines [R]. Stockholm: Aeronautical Research Institute of Sweden, 1990.

[117] Fuglsang P, Bak C. Development of the Risø wind turbine airfoils[J]. Wind Energy, 2004, 7(2):145 – 162.

[118] Grasso F. ECN – G1 – 21 airfoil: design and wind – tunnel testing[J]. Journal of aircraft, 2016, 53(5):1478 – 1484.

[119] Wang Q, Wang J, Sun J F, et al. Optimal design of wind turbine airfoils based on functional integral and curvature smooth continuous theory[J]. Aerospace Science and Technology, 2016, 55:34 – 42.

[120] Abdelrahman M，Hassanein A. New airfoil families for horizontal - axis wind turbines[J]. International Journal of Engineering Systems Modelling and Simulation，2012，4(4):195 - 206.

[121] Singh R K，Ahmed M R. Blade design and performance testing of a small wind turbine rotor for low wind speed applications [J]. Renewable Energy，2013，50:812 - 819.

[122] Shah H，Mathew S，Lim C M. A novel low reynolds number airfoil design for small horizontal axis wind turbines[J]. Wind Engineering，2014，38(4):377 - 392.

[123] Elbakheit A R. Factors enhancing aerofoil wings for wind energy harnessing in buildings[J]. Building Services Engineering，2014，35(4):417 - 437.

[124] Menon M，Ponta F，Sun X，et al. Aerodynamic analysis of flow - control devices for wind turbine applications based on the trailing - edge slotted - flap concept[J]. Journal of Aerospace Engineering，2016，29(5).

[125] Liu Y X，Yang C，Song X C. An airfoil parameterization method for the representation and optimization of wind turbine special airfoil[J]. Journal of Thermal Science，2015，24(2):99 - 108.

[126] Henriques J C C，da Silva F M，Estanqueiro A L，et al. Design of a new urban wind turbine airfoil using a pressure - load inverse method [J]. Renewable Energy，2009，34(12):2728 - 2734.

[127] Dowler J L，Schmitz S. A solution - based stall delay model for horizontal - axis wind turbines[J]. Wind Energy，2015，18(10):1793 - 1813.

[128] Chen J，Wang Q，Zhang S Q，et al. A new direct design method of wind turbine airfoils and wind tunnel experiment [J]. Applied Mathematical Modelling，2016，40(3):2002 - 2014.

[129] Brehm C，Gross A，Fasel H F. Open - loop flow - control investigation for airfoils at low Reynolds Numbers[J]. Aiaa Journal，2013，51(8):1843 - 1860.

[130] Chen Chunmei，Seele R，Wygnanski I. Flow control on a thick airfoil using suction compared to blowing[J]. Aiaa Journal，2013，51(6):1462 - 1472.

[131] Azim R，Hasan M M，Ali Mohammad. Numerical investigation on the

delay of boundary layer separation by suction for NACA 4412[J].
Procedia Engineering, 2015:329 - 334.

[132] McNerney G M, Van Dam C P, Yen - Nakafuji D T. Blade - wake
interaction noise for turbines with downwind rotors [J]. Wind
Energy, 2003, 125(4):497 - 505.

[133] Cheng J, Chen J, Shen W, et al. Optimization design of airfoil profiles
based on the noise of wind turbines[J]. Acta Energiae Solaris Sinica,
2012, 33(4):558 - 563.

[134] Cheng J, Zhu W, Fischer A, et al. Design and validation of the high
performance and low noise CQU - DTU - LN1 airfoils[J]. Wind
Energy, 2014, 17(12):1817 - 1833.

[135] Lee Soogab, Kim T, Lee S, et al. Design of low noise airfoil with
high aerodynamic performance for use on small wind turbines[J].
Science China Technological Sciences, 2010, 53(1):75 - 79.

[136] Rautmann C. Numerical simulation concept for low - noise wind
turbine rotors[J]. Forschungsberichte, 2017(35):1 - 169.

[137] Sanaye S, Hassanzadeh A. Multi - objective optimization of airfoil
shape for efficiency improvement and noise reduction in small wind
turbines[J]. Journal of Renewable and Sustainable Energy, 2014, 6(5).

[138] Afanasieva Nadiia. The effect of angle of attack and flow conditions on
turbulent boundary layer noise of small wind turbines[J]. Archives of
Acoustics, 2017, 42(1):83 - 91.

[139] Kaviani H, Nejat A. Aeroacoustic and aerodynamic optimization of a
MW class HAWT using MOPSO algorithm[J]. Energy, 2017, 140:
1198 - 1215.

[140] Bertagnolio F, Madsen H A, Bak C. Trailing edge noise model
validation and application to airfoil optimization[J]. Journal of Solar
Energy Engineering - Transactions of the ASME, 2010, 132(3).

[141] Rodrigues S S, Marta A C. On addressing noise constraints in the
design of wind turbine blades[J]. Structural and Multidisciplinary
Optimization, 2014, 50(3):489 - 503.

[142] Lee J, Lee J, Han J, et al. Aeroelastic analysis of wind turbine blades
based on modified strip theory[J]. Journal of Wind Engineering and
Industrial Aerodynamics, 2012, 110:62 - 69.

[143] Rafiee R，Fakoor M. Aeroelastic investigation of a composite wind turbine blade[J]. Wind and Structures，2013，17(6):671－680.

[144] Pourazarm P，Caracoglia L，Lackner M，et al. Stochastic analysis of flow － induced dynamic instabilities of wind turbine blades［J］. Journal of Wind Engineering and Industrial Aerodynamics，2015，137:37－45.

[145] Pourazarm P，Modarres － Sadeghi Y，Lackner M. A parametric study of coupled － mode flutter for MW － size wind turbine blades[J]. Wind Energy，2016，19(3):497－514.

[146] Hafeez M M A，El － Badawy A A. Flutter limit investigation for a horizontal axis wind turbine blade［J］. Journal of Vibration and Acoustics，2018，140(4).

[147] Howison J，Thomas J，Ekici K. Aeroelastic analysis of a wind turbine blade using the harmonic balance method[J]. Wind Energy，2018，21(4):226－241.

[148] Chen B，Zhang Z，Hua X，et al. Enhancement of flutter stability in wind turbines with a new type of passive damper of torsional rotation of blades ［J］. Journal of Wind Engineering and Industrial Aerodynamics，2018，173:171－179.

[149] Verstraelen E，Habib G，Kerschen G，et al. Experimental passive flutter suppression using a linear tuned vibration absorber[J]. AIAA Journal，2017，55(5):1707－1722.

[150] Habali S M，Saleh I A. Design and Testing of Small Mixed Airfoil Wind Turbine Blades[J]. Renewable Energy，1995，6(2):161－169.

[151] Grujicic M，Arakere G，Subramanian E，at al. Structural － response analysis，fatigue － life prediction，and material selection for 1 MW horizontal － axis wind － turbine blades［J］. Journal of Materials Engineering and Performance，2010，19(6):790－801.

[152] Cárdenas D，Elizalde H，Marzocca P，at al. A coupled aeroelastic damage progression model for wind turbine blades ［J］. Composite Structures，2012(94):3072－3081.

[153] 张旭，邢静忠. 叶片局部损伤对大型水平轴风力机静动态特性影响的仿真分析[J]. 工程力学，2013，30(2):406－412.

[154] 马剑龙，汪建文，董波，等. 风力机风轮振动频率及应力特性试验研究

[J]. 排灌机械工程学报，2013，31(11):1-7.

[155] 马剑龙，汪建文，董波，等. 风力机风轮结构阻尼比改进方法研究[J].
可再生能源，2013，31(10):65-69.

[156] Van Bussel G J W. Use of the asymptotic acceleration potential method for
horizontal axis wind turbine rotor aerodynamics[J]. Journal of Wind
Engineering and Industrial Aerodynamics，1992，39(1):161-172.

[157] 汪建文，闫建校，刘博，等. 谱分析法测量叶尖小翼对风轮旋转时固有
频率的影响[J]. 工程热物理学报，2007，28(5):784-786.

[158] 张立茹，汪建文，于海鹏，等. S型叶尖小翼对风力机流场特性影响的
研究[J]. 工程热物理学报，2012，33(3):788-791.

[159] Singh R K，Ahmed M R，Zullah M A，et al. Design of a low reynolds
number airfoil for small horizontal axis wind turbines[J]. Renewable
Energy，2012，42:66-76.

[160] Shahrokhi A. Airfoil shape parameterization for optimum Navier-
Stokes design with genetic algorithm[J]. Aerospace Science and
Technology，2007，11(6):443-450.

[161] Kharal A，Saleem A. Neural networks based airfoil generation for a
given using Bezier-PARSEC parameterization[J]. Aerospace
Science and Technology，2012，23(1):330-344.

[162] Congedo P M，Corre C，Martinez J M. Shape optimization of an airfoil in a
BZT flow with multiple-source uncertainties[J]. Computer Methods in
Applied Mechanics and Engineering，2011，200(1):216-232.

[163] Derksen R W，Rogalsky T. Bezier-PARSEC:an optimized aerofoil
parameterization for design[J]. Advances in Engineering Software，
2010，41(7):923-930.

[164] Srinath D N，Mittal S. Optimal aerodynamic design of airfoils in
unsteady viscous flows[J]. Computer Methods in Applied Mechanics
and Engineering，2010，199(29):1976-1991.

[165] 张旭，李伟，邢静忠，等. 改进Gurney襟翼几何参数对翼型气动特性
的影响[J]. 农业机械学报，2012，43(12):97-101.

[166] 王宏亮，席光. 多目标优化设计方法在翼型气动优化中的应用研究[J].
工程热物理学报，2008，29(7):1129-1132.

[167] 琚亚平，张楚华. 基于人工神经网络与遗传算法的风力机翼型优化设
计方法[J]. 中国电机工程学报，2009，29(20):106-111.

［168］ 芮晓明，马志勇，康传明. 大型风电机组叶片翼型的设计方法［J］. 农业机械学报，2008，39(2):192－194.

［169］ 刘小民，张彬. 基于改进水平集方法的翼型拓扑优化［J］. 工程热物理学报，2012，33(4):607－610.

［170］ 李景银，闻苏平，徐忠. 新型双头翼型的性能实验研究［J］. 流体机械，2002，30(6):4－7.

［171］ 刘战合，宋文萍，宋笔锋. 基于复合形方法的翼型优化设计研究［J］. 西北工业大学学报，2004，22(6):795－799.

［172］ 李德顺，李仁年，杨从新，等. 粗糙度对风力机翼型气动性能影响的数值预测［J］. 农业机械学报，2011，42(5):111－115.

［173］ 何显富. 风力机设计、制造与运行［M］. 北京:化学工业出版社，2009.

［174］ 康顺，尹景勋，刘云飞. 水平轴风力机结构动力学分析［J］. 工程热物理学报，2009，30(5):777－780.

［175］ 徐玉秀，王志强，梅元颖. 叶片振动响应的长度分形故障特征提取与诊断［J］. 振动、测试与诊断，2011，31(2):190－192.

［176］ Guo Yi, Keller Jonathan, Parker Robert. Nonlinear dynamics and stability of wind turbine planetary gear sets under gravity effects［J］. European Journal of Mechanics, 2014, 47:45－57.

［177］ Movaghghar A, Lvov G I. A method of estimating wind turbine blade fatigue life and damage using continuum damage mechanics［J］. International Journal of Damage Mechanics, 2012, 21(6):810－821.

［178］ Makarios T K, Baniotopoulos C C. Wind energy structures: modal analysis by the continuous model approach［J］. Journal of Vibration and Control,2014, 20(3):395－405.

［179］ Kang N, Chul P S, Park J, et al. Dynamics of flexible tower－blade and rigid nacelle system: dynamic instability due to their interactions in wind turbine［J］. Journal of Vibration and Control, 2016, 22(3): 826－836.

［180］ 陈严，张林伟，刘雄，等. 水平轴风力机柔性叶片气动弹性响应分析［J］. 太阳能学报，2014，35(1):74－82.

［181］ 胡丹梅，张志超，张建平. 基于流固耦合的风力机模态分析［J］. 可再生能源，2014，32(8):1168－1174.

［182］ Hamdi H, Mrad C, Hamdi A, et al. Dynamic response of a horizontal axis wind turbine blade under aerodynamic, gravity and gyroscopic effects[J]. Applied Acoustics, 2014, 86:154 - 164.

[183]　McLaren K, Tullis S, Ziada S. Measurement of high solidity vertical axis wind turbine aerodynamic loads under high vibration response conditions[J]. Journal of Fluids and Structures, 2012, 32:12 - 26.

[184]　Wang J W, Yan J X, Liu J P, at al. Experimental modal analysis of multi - blade wind turbine[J]. Acta Energise Solaris Sinica, 2008, 29 (12):1460 - 1464.

[185]　Maldonado V, Boucher M, Ostman R, at al. Active vibration control of a wind turbine blade using synthetic jets[J]. International Journal of Flow Control, 2009, 1(4):227 - 237.

[186]　Lin S M, Lee S Y, Lin Y S. Modeling and bending vibration of the blade of a horizontal - axis wind power turbine[J]. CMES - Computer Modeling in Engineering and Sciences, 2008, 23(3):175 - 186.

[187]　Brown K A, Brooks R. Design and analysis of vertical axis thermoplastic composite wind turbine blade [J]. Rubber and Composites, 2010, 39(3 - 5):111 - 121.

[188]　Bastawrous M V, El - Badawy A A. A study on coupled bending and torsional vibrations of wind turbine blades[J]. Advanced Materials Research, 2013, 622:1236 - 1242.

[189]　Bazilevs Y, Hsu M C, Kiendl J, et al. 3D simulation of wind turbine rotors at full scale. Part II:fluid - structure interaction modeling with composite blades[J]. International Journal for Numerical Methods in Fluids, 2011, 65(1 - 3):236 - 253.

[190]　Macphee D, Beyene A. Fluid - structure interaction of a morphing symmetrical wind turbine blade subjected to variable load [J]. International Journal of Energy Research, 2013, 37(1):69 - 79.

[191]　Bussel G V. The use of the asymptotic acceleration potential method for horizontal axis wind turbine rotor aerodynamics [J]. Journal of Wind Engineering and Industrial Aerodynamics, 1992, 39(1):161 - 172.

[192]　Shen X, Chen J, Liu P, et al. Effect of winglets on aerodynamic performance of wind turbine[J]. Acta Energiae Solaris Sinica, 2014, 35(2):183 - 189.

[193]　Hasegawa Y, Kikuyama K, Imamura H. Numerical analysis of a horizontal axis wind turbine rotor with winglets[J]. Transactions of the Japan Society

of Mechanical Engineers Series B，1996，62：3088 - 3094.

[194]　Saravanan P，Parammasivam K M，Selvi R S. Experimental investigation on small horizontal axis wind turbine rotor using winglets[J]. Journal of Applied Science and Engineering，2013，16(2)：159 - 164.

[195]　MA J L，LI P L，WANG J W，et al. Vibration characteristics of roundabout swing of HAWT wind wheel[J]. Shock and Vibration，2016，2016：1 - 10.

[196]　Farhan A，Hassanpour A，Burns A，et al. Numerical study of effect of winglet planform and airfoil on a horizontal axis wind turbine performance[J]. Renewable Energy，2019，131：1255 - 1273.